LAYOUT DESIGN

艺术设计名家特色精品课程

编排设计教程

增补版

陈青 编著

上海人民美术出版社

图书在版编目（CIP）数据

编排设计教程：增补版/陈青编著．—上海：上海人民美术出
版社，2021.12　（2024.9重印）
艺术设计名家特色精品课程
ISBN 978-7-5586-2242-7

Ⅰ．①编… Ⅱ．①陈… Ⅲ．①版式－设计－高等学校－教材
Ⅳ．① TS881

中国版本图书馆 CIP 数据核字（2021）第 233636 号

艺术设计名家特色精品课程

编排设计教程（增补版）

编　　著：陈　青
装帧设计：陈　青
责任编辑：丁　雯
流程编辑：孙　铭
版式设计：胡思颖
技术编辑：史　湧
出版发行：上海人民美术出版社
　　　　　（地址：上海市闵行区号景路 159 弄 A 座 7F　邮编：201101）
印　　刷：上海颛辉印刷厂有限公司
开　　本：889×1194　　1/24
印　　张：6.5
版　　次：2022 年 1 月第 1 版
印　　次：2024 年 9 月第 4 次
书　　号：ISBN 978-7-5586-2242-7
定　　价：68.00 元

目录

第1章 编排设计原则 ·············· 005

1.1 编排设计的艺术原则 ·········· 006

  1.1.1 感性美与理性美 ·········· 006

  1.1.2 比例美 ················· 010

  1.1.3 风格美 ················· 014

1.2 编排设计的技术原则 ·········· 015

  1.2.1 编排元素的一般特点 ······· 015

  1.2.2 编排中的逻辑 ··········· 017

1.3 视知觉的一般规律 ············ 019

  1.3.1 视觉浏览顺序 ··········· 019

  1.3.2 构成元素的视觉顺序 ······· 020

  1.3.3 其他规律 ··············· 021

  1.3.4 元素表现与阅读心理 ······· 026

第2章 编排设计基础 ·············· 033

2.1 分割 ······················ 034

  2.1.1 分割的概念 ············· 034

  2.1.2 分割的类型 ············· 034

2.2 分割与比例 ················· 035

  2.2.1 依据黄金比例进行分割 ····· 035

  2.2.2 依据√2比例进行分割 ······ 036

  2.2.3 依据等比比例进行分割 ····· 036

  2.2.4 编排中的比例与分割 ······· 037

2.3 平衡与均衡 ················· 038

  2.3.1 平衡——物理世界的平衡 ···· 038

  2.3.2 均衡——心理世界的平衡 ···· 040

  2.3.3 重力 ·················· 042

  2.3.4 美 ··················· 044

2.4 常见矩形 ··················· 046

第3章 编排设计流程 ·············· 049

3.1 前期准备 ··················· 050

  3.1.1 确立设计主题,把握设计方向 ······ 050

  3.1.2 选择设计题材,确定表现方法 ······ 051

  3.1.3 安排元素层次,选择表达角度 ······ 052

3.2 格局尺度 ··················· 056

  3.2.1 分割编辑区域 ··········· 056

  3.2.2 建立格局尺度 ··········· 057

3.3 视觉引导 ··················· 059

  3.3.1 客观引导——顺应视觉规律 ···· 059

  3.3.2 主观引导——强化视觉方向 ···· 059

  3.3.3 主观引导——创建视觉方向 ···· 060

  3.3.4 视觉驻留点 ············· 061

3.4 布局安排 ··················· 065

  3.4.1 基本概念 ··············· 065

  3.4.2 大局的构筑——构图 ·········· 067

3.4.3 细节的处理——微调 ………… 077

第4章 编排设计方法 ………… 081
4.1 网格构成 ………… 082
　4.1.1 网格设计概念 ………… 082
　4.1.2 网格设计原理 ………… 083
　4.1.3 网格设计技巧 ………… 084
　4.1.4 网格设计案例 ………… 093
4.2 自由构成 ………… 096
　4.2.1 自由构成的时代背景 ………… 096
　4.2.2 自由构成的特征 ………… 096
　4.2.3 自由构成的表现技巧 ………… 097
4.3 综合构成 ………… 098

第5章 编排设计训练 ………… 101
5.1 限定元素训练 ………… 102
　5.1.1 限定练习1——层次区别练习 …… 102
　5.1.2 限定练习2——标题字体处理 …… 111
　5.1.3 限定练习3——数字及字母游戏…… 119
5.2 限定形式训练 ………… 123

5.2.1 限定练习4——对称与均衡训练 … 123
5.2.2 限定练习5——因形排列 ………… 126
5.2.3 限定练习6——网格使用 ………… 130
5.2.4 限定练习7——跳跃性练习 ………… 134
5.3 综合训练 ………… 136
　5.3.1 限定练习8——变临 ………… 136
　5.3.2 限定练习9——修正 ………… 138
　5.3.3 练习10——自由发挥 ………… 140

第6章 编排设计作品欣赏 ………… 143
6.1 欣赏的艺术 ………… 144
6.2 欣赏的技术 ………… 146
6.3 学习与借鉴 ………… 148

参考文献 ………… 156

第1章　编排设计原则

1.1　编排设计的艺术原则
1.2　编排设计的技术原则
1.3　视知觉的一般规律

1.1　编排设计的艺术原则

1.1.1　感性美与理性美

1.感性与理性意识的自然更迭

感性是自然的体现，主观性较强；理性是智慧的体现，注重客观需要。艺术创作崇尚感性意识，崇尚自然流露、情感宣泄，并通过作品将这些情感及个性特征传递给观众。而一般的编排设计工作则更多地注重理性思维，运用理性思维达成对于作品内容的表述，并以此来诱导读者遵循自己设定的方向进行阅读，从而准确地传递信息。然而上好的作品，除了能有效地传递信息，还要以作品的形式来感染人、教育人，在作品中加入个性情感的流露和个人的表现技巧，这样作品中便会融合着理性与感性两方面的思维特征。

从哲学的角度看，理性和感性是一对相辅相成的矛盾统一体。在儿童所画的人物中，人们看到的总是几何化的结构及左右对称的形式。有人认为"儿童所画的，是他认识到的东西，而不是

图1-1

图1-2

图1-1　在儿童所画的人物中，人们看到的总是几何化的结构及左右对称的形式。作者：胡翔宝，6岁
图1-2　这是距今六千多年的彩陶花瓣纹盆，属于仰韶文化庙底沟类型。在盆的上半部，绘制了花瓣式的二方连续纹样，纹样的规律性十分明显，纹理简洁、概括、装饰效果强烈，体现了人类高度概括自然物象的创造能力。

他看到的东西"。这究竟是感性的表达，还是理性的总结，此问题见仁见智，在心理学领域至今还有争论。但有一点可以肯定，这种表现形式是对对象的高度概括，能够反映出对象的主要特征，并具有较高的辨识度，应该是理性的结果。但根据对于儿童的了解，我们可以得出结论：这种看似理性的概括，其实是具有相当多感性的成分的。感性的表达是发自内心的自然流露，是一种天性，自然会在人类生命初始阶段的作品中得到充分显现。因而，融会感性的作品一般也会显现其反映客观的成分，即使是儿童画，也会有这样的特点。

从六千多年前的古陶器上可以看到很有组织规律的纹样，这是理性编排的最好例证。即使如此，在这些凝聚着人类智慧的艺术品上，我们还是看到了感性的耀眼光芒，那是永不枯竭的想象力所显现的，体现了人类高度概括自然物象的创造能力。这些古陶器向我们展示了古人类在感性和理性上是如何选择的：他们利用感性意识创造样式，又将这些样式加以理性总结，成为更多的人所遵循的形式；而人们在传递和使用这些理性的编排形式时，又不断地利用感性意识进行补充，循环往复，使得感性和理性在艺术创作中高度结合。这是一个自然的过程，是自然的选择。

感性和理性就这样在艺术创造的不同阶段各司其职，完美地编织了艺术创造的流水线。

图1-3

图1-4

图1-3 《红磨坊》是著名画家劳特累克的第一幅海报作品，创作于1891年。与绘画作品相比，它虽然有着明显的装饰意味，但在编排上所呈现的灵动变化充斥着感性的成分，这与早期设计作品来源于画家之手有着很大的关系。

图1-4 这是1923年包豪斯的学院展览海报，具有非常典型的包豪斯风格——不模仿任何样式，几乎没有装饰，只使用简洁的线条和块面表现主题。

2. 理性意识上升的必然性

在历史发展的过程中，人们由于认识水平的提高，以及某种实际的需要（如提高传递效率的需要、准确传递的需要等），在视觉语言表达的积累上形成了一定的基础，因此一些有着视觉语言规则的形式被总结出来，并被广泛应用。这是从感性上升到理性的一种选择，是社会进步的标志之一。

19世纪，大工业生产所造就的产品，即使缺乏人文气息、个性的魅力和精美的手工，其高速度、低成本的特征，仍然使他们不可阻挡地成了社会的主流需要。如今，在科学技术不断进步的前提下，机器生产反而成了精美的代名词。这个例证对我们的启发是：艺术设计即使再怎么追求艺术的表现力，设计目的达成才是首要的。因而理性地、技术性地表现设计作品，必然成为首要的、基本的选择，而对于艺术水准的追求则被放在了更高的层面上。20世纪20年代，在德国著名的魏玛国立包豪斯建筑学校里，一批艺术家为设计的教育建立了理性构成的系统，旨在利用这些形式为设计素质、设计意识和设计能力的培养打通路径。这股包豪斯之风开创了近代构成概念之先河，将设计训练抽象化、技术化，艺术家希望这些理性思维潜移默化于未来的设计工作中。它同时也开创了设计的新风尚，将简约的、追求效率的理性之美的概念灌

图1-5

图1-5　瑞士设计师阿明·霍夫曼在1963年所做的展览海报，是瑞士风格的代表作品，体现了极简主义的形式追求：几何化，精练，元素间关系融洽。

输给了现代人。在之后的许多年中，这种设计理念渗透到了包括建筑设计在内的艺术设计的方方面面，影响深远。

编排设计在这个简约化、理性化的风潮中可谓受益匪浅，衍生出了许多影响近现代平面设计的编排技巧，使得传统的或仅凭感性的编排设计方法受到了较大的冲击。简单的直线之美一度甚嚣尘上，成为主流的编排思想，感性的发挥被理性的形式紧紧包裹，形成了明显区别于古典主义的一种性格鲜明、条理清晰的现代极简主义风格。

时至今日，也许是由于审美疲劳的影响，格局清晰、排列有度的理性编排方法受到了后现代主义反叛性的冲击，自由编排的浪潮不断地冲刷着理性构成的痕迹，追求感性表达的编排意识不断上升，感性表达与理性表达的较量又一次升级了。但这并不意味着理性思维被压抑，而是在掺杂了感性成分之后，上升到了一个新的高度。多样性的审美是这个审美多元化时代的标志之一。

值得注意的是，自由编排虽然充满了设计者的主观情感，在形式上自由奔放，很有感染力，但读者在阅读效果上往往会遇到诸多困难。因而大面积阅读内容的编排仍然离不开条理清晰的理性样式。

图1-6

图1-6　达达主义者的编排作品。作品中醒目地标示着红色的"达达"字样。其手法自由繁复，形式杂乱无章，充满了对于秩序的反叛和讽刺的意味，是"唯感性"设计的典型之作。对后来的自由编排形式影响深远。

1.1.2　比例美

1.比例的概念

比例是指整体与局部、部分与部分之间长度、体积与面积相应要素的线性尺寸比值关系，如矩形自身的长宽尺寸关系、人与桌椅之间使用舒适度的尺寸关系、某个区域的分割等级关系等等，都可以用比例关系进行表述。

优秀的艺术作品都会呈现出各构成元素间和谐的比例关系。达·芬奇曾讲过："美感完全建立在各部分之间神圣的比例关系上。"这为比例关系的实用价值做出了极高的注解。

2.比例关系的探索和应用

在古埃及就有人开始探索美好的比例关系了。在古希腊众多人体比例的理想模式中，以毕达哥拉斯提出的黄金分割律（比例为0.618）的影响最为深远，流传至今。这个比例以人体的肚脐为分割点，上半身与下半身之比是0.618。后来的画家、建筑家、雕塑家根据这个标准创造了无数不朽的艺术形象。

图1-7

图1-8

图1-7　达·芬奇曾讲过："美感完全建立在各部分之间神圣的比例关系上。"该图为达·芬奇对人体比例的分析图示。

图1-8　北京故宫博物院所藏。清代后期的诗人、画家姚燮的《忏绮图》（局部）。描绘了姚燮与家中诸侍姬真实的生活情景，原画人物较多，比例舒适得当，神态栩栩如生。

中国民间画诀中有"头分三停，肩担两头，一手捂住半个脸，行七坐五盘（蹲）三半（以头形长短作比例）"的人物画绘制比例参照，画家借助此标准，可以将人物造型表现得舒适得当。在确定景物比例时，中国画论中也有"丈山、尺树、寸马、分人"的比例关系处理技巧。

到了中世纪，一些数学家在前人的基础上对自然界的生长规律进行悉心研究，发现了一系列有规律的递增模式，即所谓的数列模式。这些数字与黄金比例之间有着精确对应的数学关系，因而在实际运用中，人们对于分割就有了更多的美好依据。

3.自然比例与理想比例

自然比例是人们从自然生长的规律中总结出来的数值关系，属于天然形成的美好比例。

理想比例则是根据人们理想化的设计和总结得出的数值关系，属于人类愿望中的美好比例。

比例关系存在着自然之美和理想之美、古典之美与现代之美的区别，既是自然现象，也是人们对于美好事物追求的体现。人们追求美好的比例关系，一方面是为了满足视觉的舒适度，另一方面是为了满足使用的舒适度。现代人极度注重人类活动与各种工业造型的尺度关系，印证了"人是万物的尺度"一说，这是一个追求理想比例关系的典型例证。

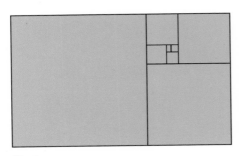

图1-9

图1-10

图1-9　对黄金矩形进行黄金分割，可以分出一个正方形和一个更小比例的黄金矩形，这种分割可以无限地进行下去。

图1-10　荷兰画家蒙德里安几何化、抽象化的作品充满了着对黄金分割格局的偏爱。

所谓自然的比例是合乎自然生长规律的比例。如医学上认为：人的比例标准应是身体各部位匀称，人体某些"参数"成一定比例，例如两手向两侧平伸，两手中指尖之间的距离一般与身高相等；上身长度与下身长度，即从头顶到耻骨联合上缘的距离和从耻骨联合上缘至足底的距离大致相等；从头顶至脚跟均分7.5个部分等。

但人们对自身的天然比例显然不满足，人类理想中的比例为从头顶至脚跟均分8个部分，每个部分都与头等高，即所谓8头身的比例。在古典作品中，8头身的比例被认为是最美的。而现代人在服装画的创作中偏爱9头身的比例，人体被夸张地拉长。这一切证明了人类对比例关系始终拥有着自身的期望和判定标准。

所以说，美的比例也不是一成不变的，会随着时代的前进、人类审美标准的转变而变化，如从古至今所崇尚的黄金比例，在现代常用的纸张上就没有广泛运用，而是以1:1.414的$\sqrt{2}$比例运用为主。

图1-11

图1-11　1907年德国人汉斯•鲁迪创作的酒吧海报。该作品画面色调沉着、统一，以几何化块面分割形成几个大的区间，格局清晰醒目，适合于商业宣传，是典型的"海报风格"作品。

4.编排设计与比例

无论是毕达哥拉斯提出的黄金分割比例、希腊人从螺旋形渐开的数据规律探索中对宇宙的领悟、中世纪数学家的研究发现,还是近代人对现代设计的理性理解,都为编排设计提供了非常多样的比例和分割关系,这些比例或分割的方法,在编排设计中发挥了提升效率、规范形式、创建美好度等作用。因此在现代设计中,尤其在编排设计的具体工作中,美好的比例关系被奉为平面设计的最高境界,对比例关系的崇拜和运用都曾对设计工作影响深远。

其中常被用到的比例及数列关系包括:黄金比(0.618)、$\sqrt{2}$比(1:1.414)、等比(1:1)、叠席比(1:2)等比例关系,以及斐波纳契级数(前两数之和等于第三数,连续两项比值趋于黄金比)、等比数列、等差数列等数列关系。

印刷用到的纸张、阅读的书籍、通讯用到的信件等,都会按照一定的比例进行尺寸确定。

常见的纸张均为矩形,长宽之比多为$\sqrt{2}$比,如A4幅面的纸张长宽比为297÷210=1.414,16开的纸张长宽比为260÷184=1.413。

32开的书籍封面长宽比为184÷130=1.415。

而常见的4×6英寸(1英寸=2.54厘米)的照片长宽比为1.5,接近黄金比。

通信中常用的小号标准邮寄信封(DL)长宽比为220÷110=2:1,是一个标准的叠席矩形;大号信封的长宽比为325÷230=1.413。

在设计中,利用这些美好的比例尺寸进行纸张切割之后,分割编排区域、布局构成元素时,仍然可以参照美好的、约定俗成的比例关系进行处理,这些内容将在后述中进行介绍。

课堂练习:

请根据图1-11,对该画面横向分割位置与画面纵向尺寸进行测量,计算该作品的分割比例。

课后练习:

自选一平面设计作品,分析其画面中所含有的比例关系。

1.1.3 风格美

1.风格是什么

风格是一个时代、一个民族、一个流派或一个人在文艺作品中所表现的主要的思想特点和艺术特点。

风格是抽象的,因为它是一种综合感受;风格是独特的,它应具有与同类作品的差别性;风格是有性格的,它借助艺术作品传递情感。风格是与众不同的地方,正因为如此,具有风格的艺术作品才有可能具有感染力,容易打动人、说服人。

2. 风格是可以捕捉的

在设计作品中,风格的体现既要传递作者的情感,还要照顾读者的情绪。在表现中要捕捉风格,虽然有难度,但也是有方法的:

确定风格的基本方向;确认作品的功能和读者群特征,确认自己将提供何种印象给读者群;确定表达的基本路径;寻找符合风格方向的构成元素的造型表达,寻找符合风格方向的构成元素的编排样式,寻找符合风格方向的实现媒介。

3.风格的表现技巧

风格应该是自然的流露,是感性的产物。但是风格既然可以被捕捉,就有了理性的成分,就有了表现的技巧:可以通过造型进行突出,可以通过色彩进行强化,可以通过手法进行表现,可以通过编排得以实现。

图1-12

图1-13

图1-14

图1-12 古典、饱满、精美;
图1-13 现代、简洁、明快;
图1-14 强调时尚感、动感和质感表现。
三个外形均为圆形的标志图形,由于内容、色彩、构成样式上有着明显的时代印记,它们的风格显得截然不同。

1.2　编排设计的技术原则

1.2.1　编排元素的一般特点

在平面媒体上，最基本的元素为文字、图形、色彩。编排设计就是建立在对于文、图、色这三个元素配置之上的工作。下面将针对上述三元素进行简单分析，为后续的元素应用建立基本的认知。

1. 文字的特点

·文字是最正确的信息传递载体，在平面媒体上，复杂的意图传递需要文字元素配合。

·文字可以有大小、形状、色彩的变化，在编排中一般会通过这些变化区分内容、强调重点、传递情感。

·单纯使用文字的设计，由于没有图的引导和暗示，可以给受众留下一定的想象空间。

·文字的设计空间非常大，在编排中不仅能够承担文字本身的作用，在许多情况下，通过一定的设计表现，文字还承担了图形的作用。

·文字是有地域局限性的，因为语言文字的不同，在许多环境中会影响信息传递的效果。

·另外，文字的直观性不够，尤其文字在较多时，会影响传递速度，这时，图传递信息的能力会相对强一些。

图1-15

图1-15　文字图形化后，视觉吸引力增强，但阅读性降低。这种手法常被用于以文字元素为主的标志设计。

2. 图形的价值

·图形的概念十分复杂，并且还有抽象与具象之分。

·图形是人类最早进行信息交流的产物，它的最大优势是直观性，这种直观性可以加快信息传递速度，这是图形的主要价值所在。

·图形在编排设计中可以起到增强活力，吸引视觉，使画面更丰富、更充沛的效果。它在文字的配合下，可以将信息传递得更清晰和准确，具有以图解字的作用。

·具象性的图形想象空间较小，但认知的准确度较高，受众依据自己的视觉经验可以进行快速地识认。抽象性的图形想象空间较大，传递中的精确性往往会受制于它的宽容性，在可以想象的空间中，理解的准确性就要打折扣了。因为在面对图形时，不一样的人会因为文化背景、知识背景、认知能力和心情等，在理解上形成一定的差异。因此，一般情况下，图形的解释力会弱于文字。

3. 色彩的作用

·色彩在文、图、色三元素中是视觉度最高的，具有视觉的第一感受力。

·色彩是感染力最强的元素，每种色彩都有自己独特的情感特征。色彩通过搭配，又会形成

图1-16

图1-17

图1-16　这个图形的样式介于抽象与具象之间，构成复杂，不借助一定的说明文字，必然会有不同的理解。设计：王晓颖

图1-17　这是同一主题下的两组作品，在具体的内容上有很大区别，使用同一组色调统合后，统一感非常好，印象非常一致。设计：王晓颖、陈娜

新的性格，是最适合传递情绪、情感的元素。在编排设计中，可以利用这一特性进行作品的性格定位，这也是色彩元素最为重要的作用所在。

· 色彩的表现有其局限性，在绝大多数情况下，色彩都不是信息传递的核心，色彩的设计不能脱离文、图的需要而单独存在，它是为文和图进行注解的，因此，色彩的选用必定受制于文图所确定的主题方向。

1.2.2 编排中的逻辑

编排设计包含着三大逻辑关系：一是层次的逻辑关系，二是疏密的逻辑关系，三是视觉与心理的逻辑关系。

1. 层次关系

编排设计的主要任务是进行视觉元素排列，建立合理的阅读次序。在排列中，首先要分清主从关系，不同元素间的分量不能被平均对待，相同元素间的分量也需要根据实际情况进行区别。例如，标题的字体与内文的字体间应有一定的大小、形状等区别；过长的标题字也可以通过分行等方法增加层次，以突出重点。

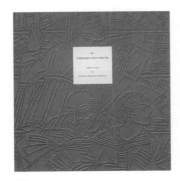

图1-18

Product type	PNX0101	PNX0102	PNX0105
Descriptive items	4 Mbit Flash USB1.1	8 Mbit Flash USB2.0	USB2.0
Main functionality			
Processor	ARM7TDMI	ARM7TDMI	ARM926EJ-S
Performance (MHz)	60	60	140
Cache (Kbytes)	8 unified	8 unified	16/16
MMU	no	no	yes
ROM (Kbytes)	32	32	32
Flash (Kbytes)	512	1024	no
SRAM (Kbytes)	64	64	64
Embedded power mgt.	yes	yes	no
Audio co-processor			
Processor	EPICS7B	EPICS7B	EPICS7B
Performance (MIPS)	80-100	80-100	80-100
Audio post-processing	yes	yes	yes
Compressed audio decoding	yes	yes	yes
Decoders supported [1]	MP3	MP3, WMA7/9, AAC	MP3, WMA7/9, AAC
Other CODECs (on ARM)			
Image decoders	slow rendering	slow rendering	fast rendering
Video decoders	N/A	N/A	low resolution
Interconnectivity			
USB Device FS (USB1.1)	yes	yes	yes
USB Device HS (USB2.0)	no	yes	yes
GDMA	no	no	yes
IDE (ATA/ATAPI/PC Card)	no	no	yes
Package			
Type	TFBGA180	TFBGA180	LFBGA228 [2]
Size (mm)	10x10	10x10	15x15
Pitch (mm)	0.5	0.5	0.65
Schedule			
Samples	Oct 03	May 04	May 04
Production start	Mar 04	Jun 04	Dec 04
Planned applications			
Flash MP3 player	Dec 03	Apr 04	Possible
HDD MP3 player	possible	Sep 04	Apr 04
MP3 CD player	no [3]	no	No

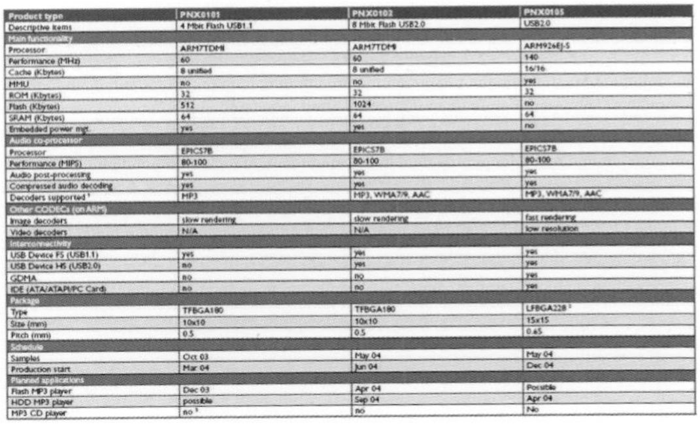

图1-19

图1-18　在这个设计作品中，文字虽然比较小，但通过白色块的衬托，与背景形成明显的对比，将文字的阅读性进行了有效的提升，使得文字区域的视觉强度较高。

图1-19　该图为一芯片参数对比表。

2. 疏密关系

疏密关系也称虚实关系，是空白与实体在画面所占据比例的关系。疏密的变化可以使画面产生律动的变化效果，以增强节奏感，提升阅读的舒适度。虽然中国传统山水画章法中常提到"疏可走马，密不透风"，但从画面上还应看到"不使疏者嫌其空，密者嫌其实，则思过半矣"（《篆刻十三略》清·袁三俊）。在现代设计中，对于构成元素的编排处理也应遵循这样的原则，才能使读者视觉心理得到平衡。

3. 视觉与心理关系

客观实际与视觉辨识往往并不在同一个标准下，因为视觉中的某些现象与心理学有关，因而形成了所谓的视觉心理，如人的视觉总是把圆缩小，把直线夸大，色彩不一样时形状也会有变化等。这些视觉心理现象是不以人们的意志为转移的客观存在，编排设计必然会受制于这些现象的影响。在具体的设计中，必须要考虑顺应人类独特的视觉心理，并在这个前提下进行有效的引导，才能达成信息准确传递的目的。

课堂练习：
请根据图1-19进行如下分析：
1.该图使用了哪些手法进行内容区别？
2.该图是如何运用色彩进行统一性效果表现的？

课后练习：
自选一平面设计作品，分析其画面中所含有的层次关系以及对于区别层次所运用的表现手法。

1.3　视知觉的一般规律

1.3.1　视觉浏览顺序

一般情况下，竖向画面的浏览顺序为从上到下，横向画面的浏览顺序为从左到右。如果有特别的设计引导时，浏览顺序会随之改变。

蒙德里安和杜斯博格在面的分割试验中发现，在一个横向的黄金矩形中，视线会沿着黄金涡线舒适地流动到黄金涡眼，并长久驻留在黄金涡眼处，黄金涡眼就成了凝聚视线的重要位置，如图1-21所示。一些横向排列的版面，为了能够突出重要的标题或图片，根据这个原理，往往会将画面的重点布置在涡眼点处，如图1-22所示。

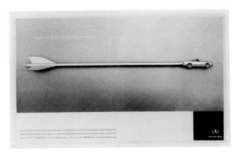

图1-20

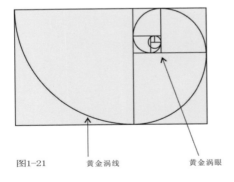

图1-21　　　黄金涡线　　　　　　黄金涡眼

图1-22

图1-20　在横向的版面中，设计者借助从左到右的视觉自然顺序，将奔驰汽车箭一般飞驰的速度进一步加强了。
图1-22　这幅日本江户时代的美人画，运用了经典的黄金涡线原理，将两个人物的脸部集中在黄金涡眼处，突出了画面的视觉重点。

1.3.2 构成元素的视觉顺序

文字、图形、色彩作为平面媒体的基本元素，在视觉传递过程中有着不同的视觉强度，这个视觉强度可以称作"视觉度"，视觉度的强弱自然形成视觉顺序。

在一般情况下，色彩的视觉度要比文字和图形高，尤其是在远距离观看时，这一特征则更为明显。图形的视觉度次于色彩。而文字在整个视觉过程中是最后被关注的元素，视觉度相对较低。因此，三元素的视觉顺序为先色彩、次图形、再文字。在观察一幅平面设计的作品时，人的视线首先被色彩吸引，其次对图形产生兴趣，最后通过文字内容对图形、色彩进行理解。距离越远，这种规律越明显。

在如图1-23所示的作品中，视觉顺序应为：首先看到的是灰黑色的调子和红色的箭头，其次才会注意到画面中的图形元素，文字是最后才会去阅读的内容。在图1-24所示的作品中，虽说图形非常突出，但首先给人留下印象的一定是蓝黄色调。

然而，当某些构成元素的表现形式具有特别的样式或形式时，文字、图形、色彩之间的视觉度

图1-23

图1-24

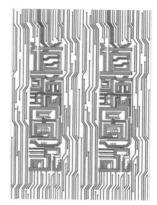

图1-25

图1-23　即使用余光来看这幅作品，红颜色的部分也会留下很明显的印象，色彩的视觉强度可见一斑。
图1-24　虽说这个例子中的元素非常多样，但首先让人留下印象的一定是丰富的色彩变化。
图1-25　图中的文字已经具有了图形特征，会被首先关注到，因为它具有图形特征。对于这些字体内容的阅读还是会放在阅读顺序的最后环节才进行。设计：代文峰等

关系似乎会发生一些逆转。在图1-25中，除了色彩之外，我们首先看到的是字体造型，但这并不能成为文字先于图形被阅读的例证，因为这些文字已经具有了图形特征，首先被注意到只是字体的特征，对于文字内容的阅读仍然是在最后才进行的。

就此看来，如果要对某个元素进行视觉度的强调，或者说要诱导阅读顺序，就应注意对该元素的表现形式进行特别的处理。

1.3.3　其他规律

1.编排区域

在平面媒体的设计中，构成元素所占据的空间称为编排区域。有些平面媒体的编排区域有着约定俗成的规律或方法，如在书籍设计、杂志设计中，设计者因为阅读的需要，对其内版的编辑区域版心进行严格控制。也有一些在编排区域的利用上不拘一格、勇于突破的大胆样式，如在海报设计、包装设计、型录设计、书籍杂志的封面设计中，编排区域就没有固定的模式。

图1-26

图1-27

图1-26　我国传统的书籍版面设计非常注重在版面周围留有空白，喜好天大地小的版心设计。
图1-27　现代的书籍版面设计有意识打破固有的观念，经常出现大胆的版心位置处理样式，非阅读元素的表现甚至有许多出血的处理。

由于书籍、杂志、报纸等都是以文字的大量阅读为主的平面媒体，在编辑区域有一些常见的编排规则，如比较注重在版心与版面边缘间形成空白，因为设计者必须要保证阅读的内容不被装订等工艺所破坏。而在以图形阅读或少量文字阅读为主的平面媒体的设计中，版心设计不一定是空白，需要根据实际情况来确定。

早期的书籍版面设计非常注重在版面周围留有空白。我国传统上喜好天大地小的版心设计，有"天三地二"一说，即上边距为三个单位，下边距为两个单位，这种编排样式使得版面效果显得比较庄重，但有下沉感。版心居上，天小地大时，版面的稳重感会增强。

现代的书籍版面设计有意识地打破固有的观念，经常出现大胆的版心位置处理样式，非阅读元素的表现甚至有许多出血的处理，当然这些被切割的内容应该不会影响读者对内容的理解。在封面设计、海报设计、包装设计中常见此种方法。

出现多个版面并列或设计区域在空间中连续转折的情况下，在设计中还可以考虑进行跨版面、跨空间编排，编排区域就超出了惯常的概念。书籍、杂志、报纸的设计就会出现多个版面并列的情况；在包装设计中，立方体造型或柱状造型都拥有连续的设计区域，编排的内容就不一定完整地停留在一个版面或一个视觉空间中，应注意增强整体感的设计。

图1-28

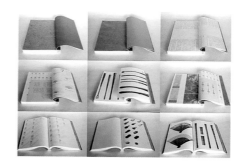

图1-29

图1-28　该图所示的中国古版书籍的版面中，"天三地二"的特征非常鲜明，构图沉稳。
图1-29　吕敬人先生为《怀袖雅物》所做的版面设计，虽怀古风，但版心处理与传统样式相比，在边距上有许多突破。

2. 字体

文字是以阅读为主要功能的，装饰性、标志性较强的文字造型，只是为美化或吸引读者的注意力而设计的，并非阅读样式的主导。因此，在字体设计中首先要确认字体在编排中的功能。

1) 设计原则

功能性——作为标题的字体，在设计时应注意醒目度、提示性、装饰性；作为内文的字体，应注重整齐度、舒适性；作为图形的文字可以牺牲一定的阅读性，但要有极强的视觉吸引力。

对象性——对于字体大小、形状、色彩的选择，要考虑读者群的阅读特征。如老年读者或儿童读者需要用较大号的字体，儿童读者阅读速度不高，可以使用较活泼的字体等。

装饰性——不同的字体具有不同的审美价值和时代感以及对象性，应根据所表现的内容进行合理的设计或选择。

2) 字体性格

不同的笔画粗细所反映的性格特征——细笔画的字体显得纤细、优美感强，具有女性气质，适合内文等大面积使用，舒适度高；粗笔画的字体显得精神、刚毅感强，具有男性气质，适合标题等小面积使用。

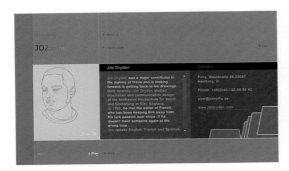

图1-30

图1-31

图1-30　在这个网页页面上就有多个内容并列编排的情况出现。设计：郭洁恩

图1-31　装饰性强或变化较多的字体，读者在阅读上会有不少困难，但由于它所具有的强烈的图形语言特点，非常容易吸引视觉关注，从而引发读者阅读兴趣。设计：李宣谊

不同的字形所反映的性格特征——汉字和拉丁字母中的黑体字不加修饰，醒目、现代、理性；汉字中的宋体和拉丁字母中的罗马体具有古典装饰美，秀丽、稳重、端庄；汉字中的书法体或拉丁字母中的手写体传统、保守，但具有自由感；现代设计字体无论汉字还是拉丁字母都呈现出大胆、时尚感强的特征。

不同的字体形状所反映的性格特征——正方形的字体端庄、稳定、保守；竖长形的字体秀丽、优美、纤弱；扁长形的字体稳重、整体；斜形的字体具有不安定感，易引起注意。

不同的字号所反映的性格特征——大字明确、粗犷、有精神，小字谨慎、精致、讲究品位。

3）字间、行间
字与字之间、行与行之间在编排时应考虑一定的间距。字间应小于行间，以此来引导阅读方向。字间、行间的大小、宽窄不同会让人在视觉上会产生不同的感受。

在正常情况下，字体间的距离应选择为字体宽度的10%，没有特殊的需要，不要随意改变这个比例。过紧的字距，分辨起来有难度，若字体较大时，可以缩紧字间距离；字距过松的情况不适于大面积正文，可以用于标题、诗词等情况。

视知觉的一般规律
LAOUT DESIGN

图1-32

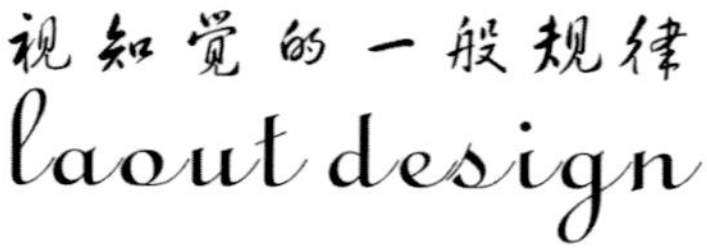

视知觉的一般规律
laout design

图1-33

图1-34

图1-35

图1-32　汉字中的宋体和拉丁字母中的罗马体具有古典装饰美，秀丽、稳重、端庄。
图1-33　汉字中的书法体或拉丁字母中的手写体传统、保守，但具有自由感。
图1-34　字号大小不同，在画面中所反映的性格特征不同，起到的作用也不同。
图1-35　大小字体之间混合排列时，如果希望整体关系显得均匀，字间和行间的距离应该根据实际情况分别对待。

正常情况下，行间的距离为字体高度的2/3（或一个字体高度）。小于这个距离，会造成阅读的困难，并显得品质低下；大于这个距离，大面积正文的编排会显得空旷，用于少量文字编排会显得比较舒爽。

4）行长度

无论是横排还是竖排文字，每一行的长度都不宜过长或过短。过长的行在换行时会找不到下一行的起始位置；过短的行由于频繁地转行，会造成阅读的疲劳感。

在设计区域较宽时，可以采用分栏的方式解决行过长的问题。

一般来说，行宽为100mm比较适合人的视域。因此，常见的32开书籍中的行宽约在80~105mm之间。以5号字体为例，大概会排列25~30个字体。

1949年中国共产党取得了全国政权，中国共产党人和它所领导的人民军队前赴后继，流血牺牲，胜利实在来之不易。为了体现人民对革命战争和1840年以来反对内外敌人中牺牲的人民英雄的敬意，中国人民政治协商会议第一届全体会议于1949年9月30日决议兴建"人民英雄纪念碑"。当人民英雄纪念碑矗立在与天安门相对的广场中轴线上时，完全表明了中国共产党人对先烈的永久的怀念，同时也表明中国共产党人将对他们的子孙进行永久的革命传统教育。为了这个怀念和教育，中国革命历史博物馆在全国解放初期就组织画家创作革命历史画，以期通过图像化的革命历史颂扬他们心中的英雄和英雄事迹，而图绘革命历史也就成了许多画家责无旁贷的历史任务。

图1-36　字距：20%　行距：2/3倍字高

1949年中国共产党取得了全国政权，中国共产党人和它所领导的人民军队前赴后继，流血牺牲，胜利实在来之不易。为了体现人民对革命战争和1840年以来反对内外敌人中牺牲的人民英雄的敬意，中国人民政治协商会议第一届全体会议于1949年9月30日决议兴建"人民英雄纪念碑"。当人民英雄纪念碑矗立在与天安门相对的广场中轴线上时，完全表明了中国共产党人对先烈的永久的怀念，同时也表明中国共产党人将对他们的子孙进行永久的革命传统教育。为了这个怀念和教育，中国革命历史博物馆在全国解放初期就组织画家创作革命历史画，以期通过图像化的革命历史颂扬他们心中的英雄和英雄事迹，而图绘革命

图1-37　字距：20%　行距：1倍字高

1949年中国共产党取得了全国政权，中国共产党人和它所领导的人民军队前赴后继，流血牺牲，胜利实在来之不易。为了体现人民对革命战争和1840年以来反对内外敌人中牺牲的人民英雄的敬意，中国人民政治协商会议第一届全体会议于1949年9月30日决议兴建"人民英雄纪念碑"。当人民英雄纪念碑矗立在与天安门相对的广场中轴线上时，完全表明了中国共产党人对先烈的永久的怀念，

图1-38　字距：20%　行距：2倍字高

1949年中国共产党取得了全国政权，中国共产党人和它所领导的人民军队前赴后继，流血牺牲，胜利实在来之不易。为了体现人民对革命战争和1840年以来反对内外敌人中牺牲的人民英雄的敬意，中国人民政治协商会议第一届全体会议于1949年9月30日决议兴建"人民英雄纪念碑"。当人民英雄纪念碑矗立在与天安门相对的广场中轴线上时，完全表明了中国共产党人对先烈的永久的怀念，同时也表明中国共产党人将对他们的子孙进行永久的革命传统教育。为了这个

图1-39　字距：20%　行距：同图1-36，字体压扁

课后练习：

在同一张报纸或同一本杂志中选择行距不同的内容进行观察，比较在阅读时的心理感受。

课堂练习：

在图1-34到37的四幅图中进行行距比较，感受不同行距带来的阅读心理变化。

1.3.4　元素表现与阅读心理

1.文字的层次表现与阅读心理

文字在层次表现上的方法一般分为：大小区别法、色彩区别法或字形区别法。在不使用色彩进行区分的前提下，字体大小是最重要的区别方法。

最大的字体与最小的字体之间距离越大，文字的层次关系越明朗，跳跃感越强，版面会显得越活泼，主题越醒目，此时浏览性较高。

最大的字体与最小的字体之间距离越小，文字的层次关系越含混，版面会显得较平静，性格

图1-40

图1-41

图1-42

图1-43

图1-40　文字的层次几乎没有变化，版面均匀、平静、单调。
图1-41　增加了层次变化后，版面有了一定的跳跃感。
图1-42　在增加了小标题后，层次变化丰富了，浏览性提高了。
图1-43　在加强标题字体变化，再一次增加变化因素后，版面开始有了嘈杂感。

沉着, 容易阅读。

在同一本书中, 封面上的设计会强调字体大小的差距, 以突出标题等重要的文字内容; 书籍内版的设计则尽量缩小字体大小的差距, 以增强阅读的流畅性、舒适性; 不同的内容, 如目录、内容提要、正文、页码等, 会通过不同的字体形状进行主次区分。

许多报纸在功能区分上, 将第一版作为阅读引导的版面, 因此, 在该版的编排设计中将字体间大小的距离差拉大, 阅读时的跳跃性很高, 读者可以在短时间内浏览到该报的重要信息, 并以此作为阅读顺序的依据。其他版面中则可以缩小字体间大小的距离差, 使读者能够安心阅读内容。

2. 图形的层次关系与阅读心理

图形在层次表现上的方法一般分为: 大小区别法、色彩 (有彩和无彩) 区别法或图片内容区别法。在不使用色彩进行区分的前提下, 大小、形状是最重要的区别方法。

大图的面积与小图的面积差越大, 主次关系越清晰, 主图突出, 节奏感也越明显。

大图的面积与小图的面积差越小, 画面显得越均匀、稳定, 平和感就会随之增强。

如果图的内容不同, 阅读心理会随之产生变化。一般规律为: 风景图片的吸引力会弱于人物图

图1-44

图1-45

图1-46

图1-44—46　这三幅报纸的版面, 展现了有图和无图的视觉吸引力, 以及图形手法不同所带来的印象深刻程度。

片，人物的脸部特写会强于全身人物图片的吸引力，近景的画面会比远景的画面有吸引力等。例如，借助拍摄对象的区别、拍摄景深的区别、拍摄角度的不同，可以使图片的表现层次发生变化。

另外，图形的形状、手法都会影响层次关系，如阅读顺序上，圆形的图片会优于方形的图片，自由外形的图片会优于几何外形的图片被阅读，手绘风格的图形会优于照片的阅读效果等。

3. 色彩的跳跃关系与阅读心理

色彩在跳跃关系上的差别一般分为：色相跳跃法、明度跳跃法、纯度跳跃法或彩色跳跃法。使用色彩进行编排层次的表现，是最容易达成目的的，这是由色彩所处的第一阅读顺序所决定的。

色相间的距离、明度间的距离、纯度间的距离差决定色彩的跳跃程度。距离越大，色彩的跳跃

图1-47

图1-48

图1-47　在这个报纸版面中，风景图片虽然所占面积较大，但小图中孩子形象仍然很突出，这是由人物的视觉度比风景的视觉度高所致。
图1-48　人物的特写，尤其是眼部特写的视觉度也是非常高的，但成人与孩子相比，孩子的图像要比成人图像的视觉度高一些。

程度越高，画面会显得越活泼、有变化、丰富感强。距离越小，色彩的跳跃程度越低，画面会显得越稳重、雅致、协调感强。

4. 视觉强度与阅读心理

平面媒体的构成元素在视觉强度上有着不同的层次，如色彩、图形的表现力比文字要高，视觉引力大，因此视觉强度就比较高。

在一幅作品中，图形、色彩运用较多时，画面的视觉强度会比较突出。如果图形或图片有特殊的吸引力时，视觉强度还会增强。

一般来说，插画比照片的视觉强度要高，将文字图形化后，视觉强度会增强。

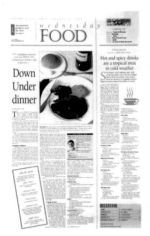

wednesday
FOOD
Down Under dinner
Hot and spicy drinks are a tropical treat in cold weather

图1-49

sunday
LIVING
Foam peanuts only good for feeding foam elephants
Super Savers
Pack rats, recyclers and hard-core hoarders have a tough time letting go

图1-50

Pittsburgh Post-Gazette
Pittsburgh, PA
Steve Mellon, Photographer

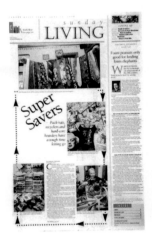

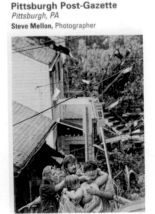

图1-51

图1-49—51　这三幅图展现了图多、图少、图大、图小的差别：图多而小显杂乱，但信息投放量明显比较大；图少而大，主题非常鲜明，阅读的注意力会很集中，设计中对图的要求也会比较高。

5. 图版的占有率与阅读心理

图形的加入会使读者阅读兴趣提高，因此大多数平面媒体的设计都会利用图形活跃版面，增强视觉吸引力。图形在版面中占据的分量，在一定程度上能够决定版面的风格。

图的面积大于文字的面积，会激发读者阅读兴趣；但图过大时，会使版面显得空荡。

图的面积小于文字的面积，或者缺少图形元素，版面会显得单调，缺乏吸引力。

一般来说，多图的版面会使人感到生动、易懂，适合娱乐性强的内容，适合低龄阅读者；少图的版面会使人感到信息量大，阅读强度高，知识性强，适合理性内容的表达，适合成人阅读者。

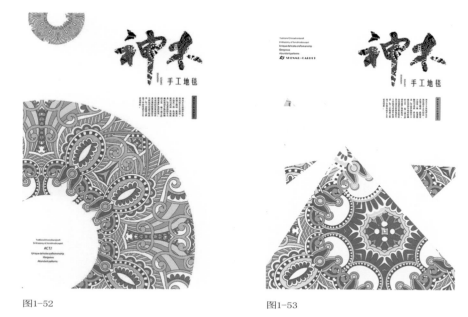

图1-52   图1-53

图1-52、图1-53　在这两幅作品中，图版的占有率都较高，且图版多于字版，画面易吸引注意力。两幅作品图版率的微妙差异，使得阅读感受也会略有不同。设计：程皓月

6. 版面的占用率与阅读心理

编排元素所占据的面积与版面面积之比通常称作版面率。版面率的高低，即版面空白的多寡对版面向外所传递的印象是有决定性影响的。

编排元素所占据的版面面积较多，即版面率高时，画面的拥塞感增大，会显得热情、活泼、嘈杂，动感较强。这类编排样式适合大众化的内容表达，如报纸、杂志等媒体。

编排元素所占据的版面面积较少，即版面率低时，画面空白区域较大，会显得优雅、沉静、老道，版面稳定感强，适合高品位内容的表达，如追求特殊格调的画册、海报、型录等。

图1-54

图1-55

图1-54　这是一幅版面率较低的构图，画面轻松、静寂。设计：陈冠良
图1-55　这是一幅版面率较高的构图，画面饱满、活跃。与图1-54比较，风格差异较为明显。设计：孙恩娜

小结

1. 编排元素的一般特点

文字的特点、图形的价值、色彩的作用。

2. 编排设计中的逻辑

编排设计包含着三大逻辑关系：一是层次的逻辑关系，二是疏密的逻辑关系，三是视觉与心理的逻辑关系。

3. 视觉浏览顺序

一般情况下，竖直画面的浏览顺序为从上到下，横向画面的浏览顺序为从左到右。如果有特别的引导设计时，浏览顺序会随之改变。

4. 构成元素的视觉顺序

色彩的视觉度要比文字和图形高，图形的视觉度次于色彩。文字在整个视觉过程中是最后被关注的元素，视觉度相对较低。

5. 元素表现与阅读心理

文字的层次表现与阅读心理、图形的层次关系与阅读心理、色彩的跳跃关系与阅读心理、视觉强度与阅读心理、图版的占有率与阅读心理、版面的占用率与阅读心理。

第2章　编排设计基础

2.1　分割
2.2　分割与比例
2.3　平衡与均衡
2.4　常见矩形

2.1　分割

2.1.1　分割的概念

把整体或有联系的事物分成多个部分，叫作分割。在编排设计中，分割是为了给编排元素以空间或形成编排元素位置的依据。

2.1.2　分割的类型

分割包括以下几种方式：

等形分割——将一个整体分为完全一样的多个形状，规律性较强；

自由分割——将一个整体分为不规则的多个自由形状，随意性较强；

比例与数列分割——利用一定的比例关系进行分割，如黄金分割法、数列分割法等。

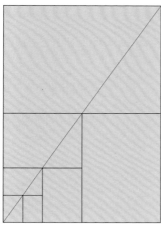

图2-1

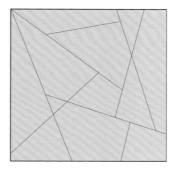

图2-2

图2-1　这是一个对于纸张进行分割的模式，它以不断二等分的方式无限地分割下去，形成了如图所示的版面结构。

图2-2　这是在正方形中的自由分割。每个分割块的形状和面积都没有一定的内在关联。

2.2　分割与比例

许多美好的比例关系为分割创建了良好的基础,利用一些经典的比例关系进行设计区域分割,可以使所分割的区域之间形成科学而美好的关系,为画面的平衡起到支撑的作用。同时,这些不同的比例渗透,可以促使编排设计反映出不同的风格趋向。

2.2.1　依据黄金比例进行分割

因为绝大多数设计区域都是矩形,所以人们可以以各种矩形样式为例进行下列分割,其中包括黄金矩形、√2矩形、正方形、叠席矩形、自由矩形等。在这些矩形中,人们利用黄金比例进行分割,可以制造出既有变化又有舒适感的空间关系。将编排元素有机地布局在这些被分割的区域中,可以为形成相当经典的平衡关系奠定基础。

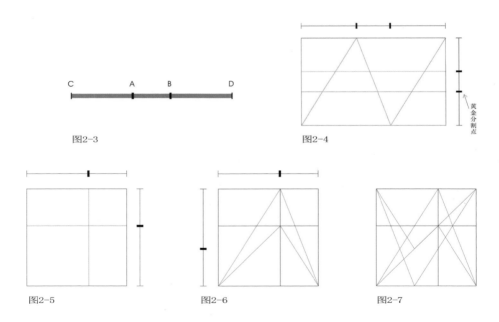

图2-3   任意一条线段上都有两个黄金分割点,如图所示的A、B两点。其中CD:CB=1.618,CB:CA=1.618,CA:AB=1.618,AD:CA=1.618……均为黄金比例关系。

图2-4   这是对于黄金矩形的黄金分割,除了图中列出的分割线外,还有许多可以分割的方法。

图2-5   这是对于正方形的黄金分割,除了图中列出的分割线外,还有许多可以分割的方法。根据分割还可以进行一些造型细节的结构控制,如图2-6、2-7所示。

2.2.2　依据√2比例进行分割

同样以矩形样式为例，包括√2矩形、正方形、自由矩形等。在这些矩形中，利用√2的比例进行分割，可以制造出非常细腻、敏感的空间关系。将编排元素有机地布局在这些被分割的区域中，可以为形成相对大胆、新鲜的平衡关系奠定基础。

2.2.3　依据等比比例进行分割

同样以矩形样式为例，包括根号矩形（含正方形）、黄金矩形、叠席矩形、自由矩形等。在这些矩形中利用相等的比例关系进行分割，能够制造出非常均匀、舒适的空间关系。将编排元素有机地布局在这些被分割的区域中，可以为形成相对保守的平衡关系奠定基础。

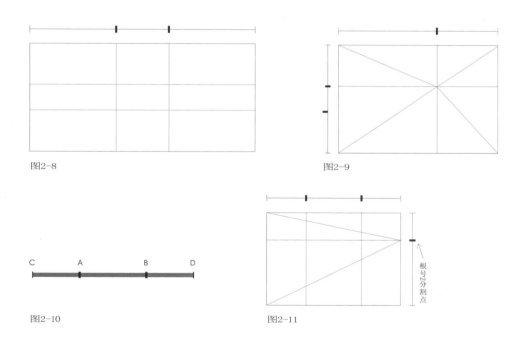

图2-8

图2-9

图2-10

图2-11

图2-8　这是对于叠席（包含两个正方形）矩形的黄金分割。
图2-9　这是对于√2矩形的黄金分割。
图2-10　任意一条线段上都有两个√2的分割点，如图所示的A、B两点。其中CD：CB=1.414，CD：AD=1.414，AB：CA=1.414，AB：BD=1.414，均为√2比例关系。
图2-11　这是对于√2矩形的√2比例分割。除了图中列出的分割线外，还有许多可以分割的方法。

2.2.4　编排中的比例与分割

编排设计可以借鉴一些特殊的分割方法和比例关系,以舒适与美为前提条件,使编排设计更便捷,更科学,更有章可循,避免盲目性的细节处理。

图2-13所示的是一个网站的页面设计,以等分分割的方式对页面进行格局的基本设定,所有阅读内容排布的位置都是以方格为依据的,非常清晰和明确。但当光标触及相应的位置时,方格会发生扭曲放大等变化,表明该区域有链接,并有感应变化,使等分分割发生异化,效果非常独特、新颖;但当光标移出有感应的区域后,该位置即恢复正常的方格状态。

这个设计最值得赞赏的是它既利用了理性分割的条理性特点,使阅读非常便捷有序,但在使用中却不断地制造变化,使得看似理性的格局中隐藏着多变的可能,对于读者阅读兴趣的提升起到了很好的调动作用。

通过上述的例子可以看到,比例与分割并不会约束编排设计的创造性,借助分割和比例可以创造无数种格局,在这些格局中如何编配元素,则需要良好的艺术感觉、敏锐的平衡能力、厚实的专业知识和勇于创新的精神。

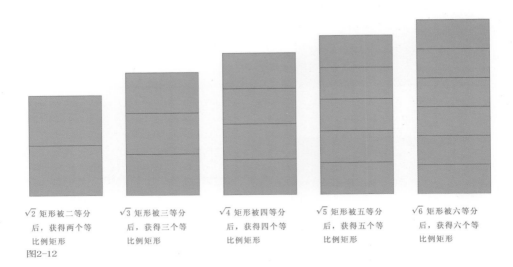

$\sqrt{2}$ 矩形被二等分　　$\sqrt{3}$ 矩形被三等分　　$\sqrt{4}$ 矩形被四等分　　$\sqrt{5}$ 矩形被五等分　　$\sqrt{6}$ 矩形被六等分
后,获得两个等　　后,获得三个等　　后,获得四个等　　后,获得五个等　　后,获得六个等
比例矩形　　　　比例矩形　　　　比例矩形　　　　比例矩形　　　　比例矩形
图2-12

图2-12　在等比例的分割中,$\sqrt{2}$ 矩形具有特殊的性质,在被二等分后,得到的仍然是两个 $\sqrt{2}$ 矩形。其他的根号矩形都具有这种被等分为等比矩形的性质。从图2-12所示的几个图例中可以清楚地看到这个现象。

根号矩形的这种非常严格而有规律的重复特性,使其具有广泛的应用价值。德国的工业标准中,纸张的规格就采用了 $\sqrt{2}$ 矩形比例,因此 $\sqrt{2}$ 矩形又称德国矩形。

2.3　平衡与均衡

2.3.1　平衡——物理世界的平衡

平衡是指几个力同时作用在一个对象上,各个力相互抵消,形成相对稳定的平衡状态,所造成的视觉满足的效果,能够让人产生安稳舒适的感受。平衡的重点在于解决力在构图中的关系问题。

现实中的平衡现象分为三种类型:物理平衡、知觉平衡与心理平衡,在编排设计中所涉及的只是知觉平衡中的视觉平衡以及心理平衡。造成视觉心理不平衡的因素包括大小、色彩和方向等。

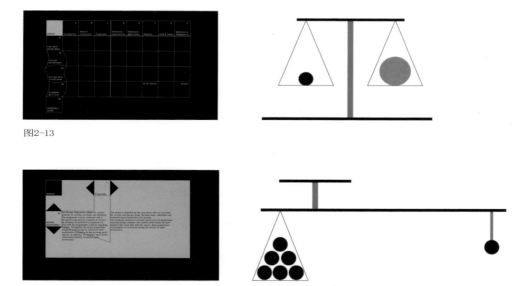

图2-13

图2-14

图2-13　天平秤式的平衡是等量不等形的平衡,多以对称的布局进行画面或结构的构成。
图2-14　中国秤式的平衡是以"少"胜"多"的平衡。一般来说,"多"布局在左、上和左上方,"少"在右、下和右下方。

在很多情况下，物理平衡达成了，却并不一定能够满足视觉心理的平衡。一只鸭子只要用一只脚支撑在地上就可以安睡了，因为它在身体内部解决好了物理平衡的问题，但人们在视觉心理上却未必能够达成平衡。编排设计要解决的不仅是物理平衡的问题，更重要的是视觉心理的平衡。这种平衡图示分为以下两种情况（如图2-14所示）。

对称平衡——天平秤式的平衡，支点在杠杆的中心位置。它指以线或点为基准，形成具有对称关系的平衡。其特点是非常稳定，但缺乏突破感。它适合于需要强调庄重、肃穆感的题材，如著名的油画作品《最后的晚餐》就是利用这种平衡进行构图的经典之作。

非对称平衡——中国秤式的平衡，支点不在杠杆的中心位置。它指以线或点为基准，在不对称关系下形成平衡感。特点是在稳定中具有变化的动感，这类作品的画面追求生动性的表达，适合于浪漫气氛、青春活力等题材。《大碗岛的星期日下午》的构图就非常典型地运用了非对称式的布局。阳光和河岸所形成的两道平行线将画面斜向右上进行分割，使得画面充满动感因素，然而画面并未因此而倾斜，这是因为在画面的右侧绘制了两个贴边而立的人物，将向上倾斜的画面拉回到平衡的状态。

图2-15

图2-15　著名的油画作品《最后的晚餐》为了表现庄严肃穆的气氛，运用了对称平衡的构图。

2.3.2　均衡——心理世界的平衡

均衡是指变动着的各种力量处于平衡，变动的趋向为零的状态。

均衡与平衡在很多场合中是同一个意思，但在生活中，平衡一词用得较广，多指分量或尺度上的一致，同时也会用于形容人际关系的处理技巧。而均衡一词则更多地被运用于艺术创作，在绘画、设计之中是指元素在空间中的排布关系。在结构关系的表述中多用平衡来形容，在元素的分布上多以均衡来论述。在编排设计中解决好平衡问题，就会形成良好的均衡感。

图2-16

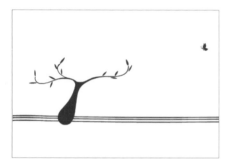

图2-17

图2-18

图2-19

图2-16　点彩派画家修拉色彩科学实验中的经典作品《大碗岛的星期日下午》，在画面平衡的处理上非常独到。

图2-17　一只朝右上飞走的蝴蝶，为似乎要倾倒的树的姿态做出了合理的解释，两者之间建立了动态平衡。

图2-18　人物的位置和动态特点，使得视觉被强力地拉向左下角的位置，出现了不平衡感，右下角的空白成了不平衡的原因。在图2-19中，右下角为加上了一个红色的叹号后，无论在生动感还是平衡感上都形成了较好的效果。视线会在左右两个下角反复流动，由于中间部分的内容基本均匀，左右两边的平衡就达成了。

多种元素或多个元素在同一个平面中进行布局时，如果不使用对称的配置关系，自然会形成偏倚的情况。如果进行绝对的称量，很可能是不平衡的，会出现紧张感。但在视觉设计的表现上，通过技巧性的处理，如增加一些元素的动感、改变一些元素的大小、调整一些元素的位置或色彩关系等，可以使得各种元素在疏密分布的调配上显得比较均匀，从而造成视觉满足的效果，产生舒适的感受，便可以形成均衡的效果。

在平面媒体的编排设计中，均衡是包含在平衡的概念之内的。

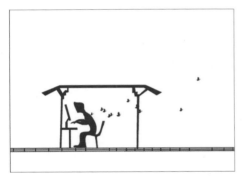  

图2-20   图2-21   图2-22

图2-20   看似极不合理的人物位置，因为蝴蝶的数量和飞走方向而合理了。
设计：刘煜、毛烁等

课堂练习：
分析图2-21中"O"字造型在画面中的平衡效果，分析图2-22中增加了文字后"O"字造型的平衡效果。

课后练习：
根据某平面设计作品中的画面构图或结构关系，分析作品的编排是否平衡，以及因为什么原因获得平衡。

2.3.3 重力

自然界的重力在画面上也是存在的, 重力是决定平衡与否的关键。

在一般情况下, 画面下方的重力要大于上方, 画面右方的重力要大于左方。因此在处理文字的间架时, 我们往往都会遵循"上紧下松、左轻右重"的原则。如果我们把一件作品的左右颠倒, 原来的平衡就有可能被打破。

重力在画面中的表现是具有规律性的: 体积愈大, 重力就愈大; 愈是远离平衡中心, 重力愈大; 明亮的色彩比灰暗的色彩重力大; 白色比黑色重力大; 体积愈大, 重力愈大; 孤立独处也能产生力量, 在空旷的位置上即使放上一个较小的造型, 也会具有比它本身更大的力; 形状和方向也会影响重力; 规则的形比不规则的形重力大等。

对于字体而言, 笔画粗的字重于笔画细的字, 大号字重于小号字, 大标题重于小标题。

对于版面编排来讲, 图形重于文字, 有重于无, 即文字或图形部分重于空白部分, 有线条的重于无线条的。

特定的造型会影响力的方向, 力产生的方向也会引发重力的偏移, 如在胳膊的形态中, 力朝手

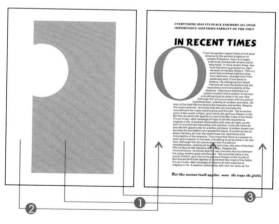

图2-23

图2-24

由于左轻右重的原因, 图2-23中, 设计者在左上使用了夸张的造型用于平衡, 由于造型比较醒目, 并且在整齐排列的文字上制造了一个缺口, 使得左上变得很突出, 因而将文字整体略微偏向右侧, 再度控制了平衡关系。然而, 当把这幅作品做镜像后, 平衡感被破坏了, 蓝色的造型似乎随时要离开画面。设计: 陈娜

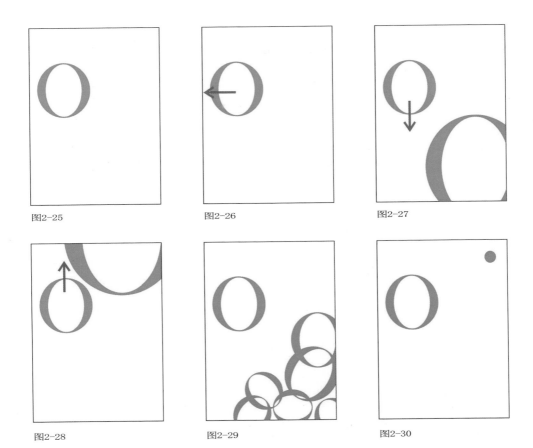

图2-25

图2-26

图2-27

图2-28

图2-29

图2-30

课堂练习：

图2-25中"O"字造型在画面中的位置靠近左上边缘，因此受到来自左边的引力，如图2-26所示。为了达成画面的平衡，可以使用其他造型进行重力方向的调整，如图2-27至2-28所示。试分析图2-29至图2-30中重力引导的方向。

课后练习：

设计一个不平衡的画面构图，通过添加、删减、移动等方法，采用三种以上方案进行重力方向调整，使画面获得平衡。

的方向移动；而在树枝的形状中，力向枝头的方向移动；人的视线也能显现具有明确方向的力；一个物体会因为另一个物体的存在而引发运动感，形成具有特定方向的力。

各种力在相互支持和相互抵消中会形成平衡关系，例如由色彩引发的重力，也许会被形状所产生的重力抵消；由体量引发的重力，也许会被位置所产生的重力抵消。

重力所造成的复杂性，对于编排设计而言是十分重要的。掌握好重力在构成元素间的平衡，就解决了编排工作一半的问题。

2.3.4　美

美是由物体与生俱来的各个组成部分的和谐一致构成的，任何添加、削减或更改都会使其美感降低。

美促使的对平衡和均衡的追求，是以画面的稳定舒适为目的的。因此，美本身也是具有功能性的，不能把美与功能需求割裂开来。

美的标准是不确定的。美向来都是人们基于经验加以描述的，很难给予证实，因此就有了"见仁见智"的说法。

然而，因为有了关于处理平衡、均衡的方法和技巧，同时借助一系列美好的比例关系，人们便可以有效地追求满足视觉心理需求的目的。那么，达成美的样式就有了基本的条件，制造美的效果也便有据可依。

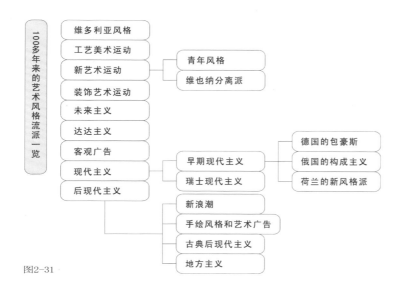

图2-31

对美的判断必须历史地看。美的标准具有时代性，不同时期美的标准不同，潮流与风格也会存在很大差异。19世纪以来，艺术风格和流派经历了诸多变迁，从繁复矫揉的维多利亚风格到几何化、平面化处理的装饰艺术运动，经历了从古典到现代的第一步；从具有反叛精神的未来主义、达达主义到后现代主义重拾古典主义元素的混杂风格，展现了新时代的审美新需求，尤其是在加入了计算机技术的成分后，审美情趣的国际化趋向更加明显。

图2-32　　　　　　　　　　　图2-33　　　　　　　　　　　　图2-34

图2-32　"维多利亚风格"是19世纪英国维多利亚女王在位期间（1837—1901）形成的艺术复辟的风格，它重新诠释了古典的意义，扬弃机械理性的美学，开始了人类对艺术价值的全新定义，其最大的特点是在设计上矫揉造作，装饰繁琐。海报作品《香奢靡凝》。设计：黄莹
图2-33　"新艺术运动"是20世纪初对世界影响极大的艺术流派，起源于法国。它主张"新"，提倡向生活、向自然学习，强调装饰性和象征性。其作品多为招贴或书籍，马卡的作品相当有代表性。
图2-34　在现代主义长久地将摄影和其他机械手段作为图形的主要表现语言之后，人们开始寻求手绘感亲切的表达方式，希望重现手工痕迹。因此，一些搞纯艺术的人加入了招贴的行列，招贴也因此出现了艺术招贴的类型。

课堂练习：
借助相关资料和图例，概括地分析从维多利亚风格到后现代主义风格在发展过程中各流派所形成的重要的审美特点。

课后练习：
建议学生选择一个自己比较欣赏的早期艺术流派进行简单研究，并与当今的流行风格特点进行比较，写出一篇500字左右的感想。

2.4 常见矩形

下面所列的矩形都与正方形有关。正方形是所有常见的优美比例矩形的基础，从图2-36到图2-41所示的矩形中，都能看到正方形的影子。

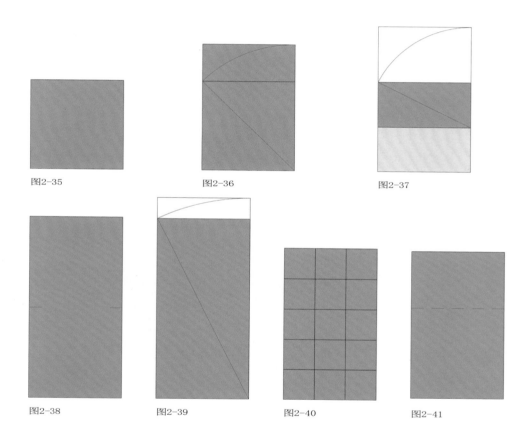

图2-35   图2-36   图2-37

图2-38   图2-39   图2-40   图2-41

图2-36 $\sqrt{2}$矩形（德国矩形）1:1.414。
图2-37 比例为1:1.118的矩形是在半个正方形的基础上形成的，灰色的部分不算在这个矩形中。
图2-38 叠席矩形（两个矩形）1:2。
图2-39 1:2.236矩形是在叠席矩形的基础上形成的。
图2-40 3:5矩形是在横3纵5共15个正方形的基础上构筑形成的，与黄金矩形比例非常接近。
图2-41 黄金矩形1:1.618可以分出一个正方形和更小比例的黄金矩形，并可以不断地分割下去。

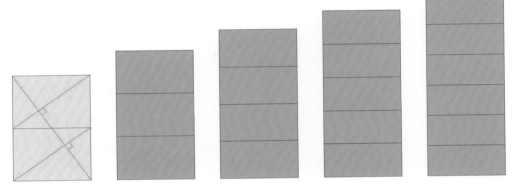

图2-42

图2-43

课后练习:

1.在计算机上绘制从√2到√6的矩形,并根据图示等分每个矩形。制作完成后,计算每个小矩形的比例是否与大矩形的比例一致。

2.从图2-42中红色线条对√2矩形所做的分割来看,大矩形与小矩形对角线的交叉线形成直角,在其他矩形中据此进行分割,并测量是否有同样的结果。

3.认真观察图2-43所示的［日］田中一光作品,分析其中的比例与分割方式,以及画面均衡处理的技巧。

小结

1. 平衡与均衡

均衡与平衡在很多场合中是同一个意思，在结构关系的表述中多用平衡来形容，在元素的分布上多以均衡来论述。在编排设计中解决好平衡问题，就会形成良好的均衡感。

2. 重力

自然界的重力在画面上也是存在的，重力是决定平衡与否的关键。重力在画面中的表现是具有规律性的，应注意掌握这些规律性的重力特征。

3. 美

美是由一物体与生俱来的各个组成部分的和谐一致构成的，任何添加、削减或更改都会使其美感降低。美促使对平衡和均衡的追求。因此，掌握好平衡和重力的关系，就为追求美建立了基础。

4. 比例与分割

许多美好的比例关系为分割创建了良好的基础，利用一些经典的比例关系进行设计区域分割，可以使所分割的区域之间形成科学而美好的关系，为画面的平衡起到支撑的作用。应该掌握书中介绍的基本的比例关系和分割方法，这对后面的学习会有很大帮助。

第3章　编排设计流程

3.1　前期准备
3.2　格局尺度
3.3　视觉引导
3.4　布局安排

3.1　前期准备

编排设计工作包含了"编"和"排"两个部分。"编"是前期工作,是指对于编排内容的理解和整理,主要任务是将构成元素进行相关确认。"排"是设计的主体工作,主要任务是给予元素合理、确定的位置,在版面上进行有效布置。

从大的流程上看,编排设计分为编、排两个部分,但在具体的操作中,每个部分还有诸多细节需要处理。在下面将要介绍的内容中,"前期"介绍"编"的部分,"格局""引导""布局"三个部分讲解"排"的内容,"排"是整个编排设计中最核心的工作。

3.1.1　确立设计主题,把握设计方向

主题是对于设计对象进行设计表达的基本方向,是确定形式语言的主要依据。确立主题是编排设计工作前期的重点,把握好设计的主题,就把握好了设计的方向,才能进行有效的设计,设计作品的成败与否往往也就在于此。一件好的设计作品,不是靠设计者自我良好的感觉就可以达成的,它是需要通过受众的认可度、接受度以及信息传达的效果来确认的。因此,设计主题的确立应该围绕受众群的特点或需求来进行。

把握设计方向必然离不开风格的确定,如沉稳的、开朗的、欢快的、高雅的、清新的、喧闹的、空灵的等等。在满足内容的前提下,风格的追求首先要照顾读者的情绪,同时通过具体的表现手段和表达角度传递创作者的情感,形成具有独特个性又科学合理的编排设计作品。

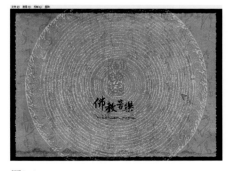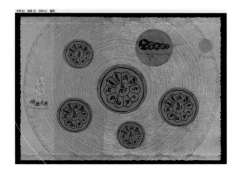

图3-1

图3-1　名为"佛教音乐"的网站设计作品,以褐黄色的和谐色调表现佛教主题,显得深沉而神秘。设计:郑仁思

在确立设计的主题时，应坚持以下原则，以受众需求和信息传递为主旨，以个性表达为辅助，凸显核心诉求，明确信息主体，确立风格走向，为编排设计工作建立准确的目标和方向。

图3-1所示的是一个"佛教音乐"网站，设计主题严扣"佛教"与"音乐"的内容和特点。在这个作品中，人们无论从悠然的动态变化、端庄稳定的构图还是和谐的色调中，都能明显地感受到设计语言在紧密地围绕佛教音乐这一主题进行着充分的表现。设计者在协调的褐黄色画面里，以及细致的纹理表现中，努力折射"有生皆苦"的佛教主张，配合佛教音乐的节奏与旋律，通过缓慢转动的环状纹理阐释普度众生的理想。画面非常明显地呈现了沉稳压抑但不乏精致的风格。

3.1.2　选择设计题材，确定表现方法

题材，有广义和狭义两个角度的解释。广义的"题材"是指文艺作品中所反映的社会生活的某些领域或社会现象的某些方面。狭义的"题材"是指为艺术作品主题所选用的具体材料。在编排设计中，人物、风景、装饰图形、物件、文字，抽象或具象的对象都可以成为设计表现的题材。设计题材的挖掘思路是很宽阔的。

在确立了设计主题的前提下，在设计对象已具有的原始素材的基础上，我们可以选择具体的人物、风景等题材内容，并根据这些题材的特点选择摄影、绘画、计算机处理等手法进行设计表现。一般情况下，表现方法应遵循的原则为图形要寻求简练，色彩要协调统一，排列要遵循视觉规律，手法要崇尚流行，整体要强调美感。

例如在图3-2所示的"OMA建筑设计事务所"网站的设计中，作者采用了事务所的内外环境图

图3-2　"OMA建筑设计事务所"的网站设计采用精美的大图进行画面处理，体现了事务所拥有的雄厚基础和不凡气度。灰暗的色调表现其悠久的历史，留下令人回味的空间。设计：王晓颖

片作为主要的设计题材进行画面表现:灰蓝色调的图片用以体现事务所悠久的历史和沉稳的性格;占据较大面积的图片,从另外的角度充分体现了事务所拥有的厚实基础和不凡气度。由于色调的统一和图片选用的关系协调,除了在每个页面中建立了自身和谐的形式语言之外,各个页面之间也形成了统一的样貌,明确地强调了作品的风格趋向成熟、沉稳、追求品质。

3.1.3　安排元素层次,选择表达角度

1. 逻辑关系

第一章讲到编排设计包含着三大逻辑关系:一是层次的逻辑关系,二是疏密的逻辑关系,三是视觉与心理的逻辑关系。在确立了设计主题和表现方法后,就可以考虑编排的层次关系了。层次关系是编排设计中首要的逻辑关系,只有处理好视觉元素排列的顺序,才能建立合理的阅读次序,以保障信息的准确传达。

元素表达的角度,必须建立在元素表现层次的前提之下,因为元素层次的设计是为了追求传递的次序,元素表达角度的选择是为了达成上述目的的具体工作。请回忆在第一章中讲到的"元素表现与阅读心理"部分的内容,它提示在编排设计中,题材的选用应顾及其样式、色彩对于阅读者心理的影响,这种影响就成了元素表达角度的首要依据。

图3-3

图3-4

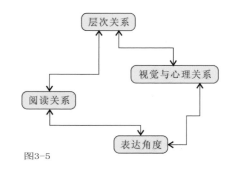

图3-5

图3-3与图3-4使用的是同样的题材和内容,在造型表现上采取不同的表现方法,印象会大不相同。设计:[韩]李文善

图3-5　层次关系的安排是为了满足视觉心理的需要,视觉心理的特点是层次关系的设定基础或前提。层次关系的处理是为了安排阅读顺序,达成有效的信息传递,但它必须借助一定的表达角度来实现,而元素表达的角度又受制于视觉心理特征的影响。

这部分内容的学习首先涉及了编排设计的两大逻辑关系——层次关系、视觉与心理关系，在层次关系中还涉及另一个层面的逻辑关系——阅读顺序与元素表达角度之间的关系，而元素表达角度又与视觉心理密不可分。这是一个有趣的循环，请参看图3-5所示。

理清这种相互牵制、互为作用的逻辑关系是学习编排设计的前提，应该给予足够的重视。能够自如地游刃于这些逻辑之间，才能完成相对科学的视觉传达设计。

2. 安排元素层次

1）基本原则

（1）明确最希望突出的元素是什么，注意画面或造型给人的第一印象。

（2）注意第一个发送的信息是否能引起阅读第二个信息，第二个信息的阅读是否能引发对于第三个信息的兴趣……

2）具体方法

（1）确定层次表现的顺序

其中包括安排元素自身的层次，如文字的层次、色彩的层次、图形的层次，以及元素之间的层次，如图形与文字的层次、色彩与文字的层次、图形与色彩的层次等关系。

（2）安排主次关系的位置

根据内容表达的需要，在确定了基本的风格走向之后，将视觉中心的位置进行确定，进而留出

图3-6

图3-7

图3-6　在这幅作品中，首先引发读者兴趣的是那只塞满文字的鱼，由图形引发读者对于那些特殊鱼鳞（文字）的阅读，然而文字的内容如果不能解读画面的意图，读者阅读必然会寻找下方细小的文字，以满足好奇心。设计：代文峰

图3-7　主要文字虽然细小、没有在视觉中心，但特殊的构图和层次安排，会引发读者对于文字的阅读兴趣。设计：田龙

其他内容的位置。

（3）控制元素跳跃的程度

为满足内容的需要，根据风格特点，设定画面元素的活跃程度，通过控制跳跃的内容和跳跃的数量，把握画面的层次丰富度。

（4）选择版面的占有率

3. 选择表达角度

1）基本原则

（1）注意设计主题的方向性，并据此进行元素的选择及元素表现角度、处理手法的选取。

（2）强调使用变化的手段进行主题突出，但一定要使变化统一在整体中。

2）具体方法

强烈的第一印象必然引发读者好奇心，阅读兴趣便很容易被调动起来。在设计中可以借助下述方法进行强化处理：

（1）采用使人愉快、令人震撼、引人入胜的图形、色彩、文字，增强视觉刺激性；

（2）放大、加粗主题字，减小次要部分内容；

（3）用特别装饰的、有突出表现效果的、有视觉诱惑力的字体增加视觉吸引力；

（4）长的主题文字可分行表现；

（5）采用使人舒适、信服的色彩搭配；

（6）在主体内容的周围增加空白；

（7）增加一些边饰，衬托主体；

（8）主题以外的元素要趋同（如形状统一、色彩协调、位置接近等）；

（9）主副主题分开表现，拉大两者间的距离。

图3-8

图3-9

图3-8与图3-9采用了同样的内容和题材，甚至在层次安排上也有许多相同的处理，但由于风格追求有所不同，在视觉中心的安排上进行了调整，图3-9的夺目感显得更强烈一些，图3-8的轻松、平和感明显一些。设计：杜燕

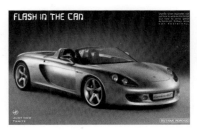

图3-10

图3-11

在图3-10与图3-11中，设计者通过改变主题字体的大小，使画面传递出来的强烈程度有所不同。

图3-12

图3-13

图3-14

课堂练习：

分析图3-12、图3-13、图3-14中主题表现的特点，并从中找出突出主题都用了哪些方法。

课后练习：

选择一组设计元素，并确立主题，使用多种方法进行主题的突出表现。

3.2　格局尺度

格局是指结构或格式，是编排设计中元素布局的依据、骨骼。在编排设计中，首先应将编排区域进行合理的分割，创造出为元素排列、为内容服务的基本依据格局。

3.2.1　分割编辑区域

在一个矩形区域里，运用四个线条将矩形进行九等份分割，如图3-15所示，形成一个3×3的分割关系。这个格局源自中国传统构图所依循的"九宫格"。

"九宫格"是我国古已有之的一种结构构造方法，隋唐时期著名的书法大家欧阳询将其引入书法练习，取其结构的平稳性和秩序感，从而使这原本看起来很平常的九个方格具有了神奇的作用。此后，人们在绘画、摄影以至于现代设计中都对"九宫格"有所借用，可以借此在构

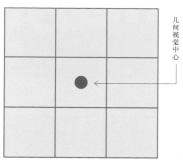

几何视觉中心

图3-15

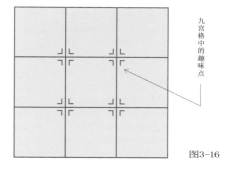

九宫格中的趣味点

图3-16

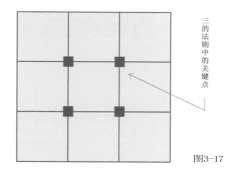

三的法则中的关键点

图3-17

图中使整体的空间结构布局更容易接近完美和舒适。在满足平衡的作用中，"九宫格"也功不可没。

"九宫格"在画面中部形成了四个交叉点，这些交叉点，非常接近黄金分割比例，被认为是最能够引起共鸣的四个点。因为它同样具有强烈的吸引力，却比几何的绝对中心要生动很多，因此称作趣味点。原则上，在编排设计中一般只取一个趣味点作为视觉中心，此时视觉中心自然有所偏移，画面显得比较生动。

其他线条被称为主导线，借由这些主导线从交叉点绘制对角线，可以引导有力的动感变化。巧合的是，在西方也有个"三的法则"一说，使用3×3的格子作为网格系统的基本依据，其中四个交叉点被认为是最具视觉吸引力的位置，是处理重要元素的关键点。

这样一来，我们就很有理由地将"九宫格"作为编排区域最重要的基本分割依据。"趣味点"就成了编排设计中需要突出的元素的落脚点之一，也是次要内容应远离的警示点，是元素层次分布的第一个依据。

3.2.2 建立格局尺度

尺度一般是指各种事物横宽、竖长的实际尺寸。在这里，尺度指的是衡量舒适度、完美度的标准。而在产品设计中，它是指相对于人而言的比例关系。在编排设计中，格局尺度是作为元素配置的合理性根据来使用的。

如图3-18、图3-19所示，将"九宫格"作为基本的格局，引入黄金比例、√2比例对"九宫格"进行再次分割，形成一个全方位控制构成元素布局的完备格局。

如此密匝的格局尺度，使人可以快速而准确地排布内容，使元素间建立起具有基本舒适度的

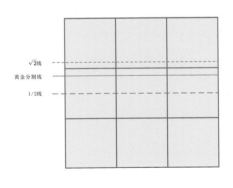

图3-18

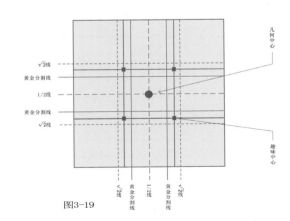

图3-19

关系。为了表述的方便，本教程将这个分割布局称之为"格局尺度框"。

这是一个看似死板严密的格局，但在应用中却需要如庖丁解牛般游刃有余的灵活能力。对于初学者来说，这是一个非常有效的编排训练基地。

值得注意的是，既不能将这种格局当作编排设计的万灵药，也不能认为它是约束创造性思维的紧箍咒。这些不客观的看法都将影响对其价值的认同，继而导致训练的意义不能实现。

需要说明的是，该原理并不只基于正方形的前提，它在任何比例的矩形区域中均适用。如图3-20、图3-21所示。

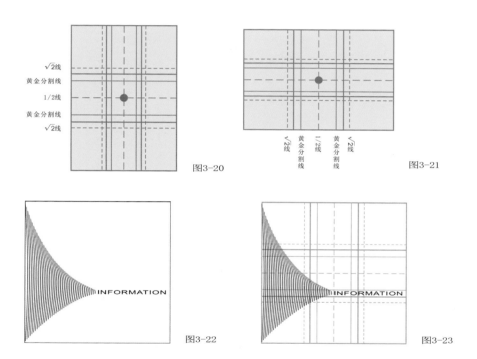

图3-20　在任何比例的矩形区域中均适用这种分割的格局。
图3-22　图形、文字的大小和位置安排，是根据图3-23所示的格局进行的。

课堂练习：
分析格局尺度框的具体计算方法以及制作方法。

课后练习：
利用计算机绘制一个格局尺度框，制作要精确，将在后续练习中进行使用。

3.3　视觉引导

3.3.1　客观引导——顺应视觉规律

在构图中，顺应正常的视觉流程规律进行元素的排列即客观引导，目标方向与视觉的自然方向一致。如在横向构图中，视线可以安静平稳地自左至右水平移动；在纵向构图中，视线自然地从上至下滑落……顺应这些规律，将图形或文字根据阅读顺序依次排列，观者可以自然、流畅、没有障碍地进行浏览或阅读，并快速地了解基本信息。

3.3.2　主观引导——强化视觉方向

在构图中，元素的位置编排并非简单地顺应视觉规律，而是在视觉规律的基础上稍加诱导，使阅读流程被适度控制，这种引导方式即为顺应客观的主观引导。此时，目标方向虽然与视

图3-24

图3-25

图3-24　《秘密艺术家系列2004—2005》这幅招贴的构图，使用了从上到下纵向排列的自然方向，虽然构成内容变化丰富的高帽子占有大半个上部构图，仍然挡不住人物脸部的吸引（参看白色线）。这是一个很典型的客观引导设计作品。设计：[美]Henderson Bromstead Art Company
图3-25　这幅招贴的构图，使用了从上到下纵向排列的自然方向，但向上的羽毛齿减缓了视觉流程（参看红色细线），使得读者对于横向文字的阅读可以悠然一些。在顺应客观的方向上进一步强化主观引导。

觉的自然方向一致，但视线运动过程相对缓慢。如在横向矩形中，视线自然地顺着黄金涡线流动，元素布局可以沿着这个优美的曲线进行排列，若将核心元素放在涡眼点处，可利于长久地吸引视觉注意力；在纵向构图中，视线顺着S形滑落，这种诱导会在有限的距离中拉长视觉流程，由于运动路径优美舒缓，阅读者会感到悠然和舒适。

这类引导的目的在于让阅读者的视线不要快速离开视觉对象，以利于传递较为细致的信息。

3.3.3　主观引导——创建视觉方向

有意识地创建特殊的视觉流动方向，在阅读者心理上造成一定的影响力，以期达成独特的视觉引力和内容诠释的目的，这种引导方式即主观引导。主观的视觉方向往往与自然的视觉方向不一致，必然传递出具有个性特征的风格和别致的样式，画面或造型的新颖性较强。如逆视觉规律方向的排列——从下往上流动视线、从右向左移动视线，视线在一定的范围内反复流动，不聚焦某一个点位，视线被诱导在一个多变的方向中流动等等。

这类引导的目的还在于让阅读者感受独特的构图趣味，以利于传递设计者独具匠心的设计意图和内容，并促使阅读者更好地接受主体信息，形成良好的记忆度。

图3-26

图3-26　这幅在第45届戛纳国际广告节上获得平面类铜狮奖的服装广告，巧妙地利用了黄金涡眼位置（参看白色线），将那个受到致命诱惑的地铁工作人员以极小的尺寸被心理放大，虽然前景中的靓丽模特十分抢眼，但我们仍然关注到了那个可怜人的危险境地，这是黄金涡线的引导所致。这个构图很好地配合了它的文案："wallis，能置人于死地的服装。"设计：［英］Andy Bird

3.3.4 视觉驻留点

在任何一个画面或造型中都会有一个或几个主观的视觉重点，无论是客观引导还是主观引导，引导的目的就是要将这些重点进行凸显，引人关注。这些视觉重点在画面或造型中应成为"视觉驻留点"。

视觉驻留点是设计者进行视觉流程引导的目标，是阅读者的视觉应该停留的位置。因此，无论引导的客观性、主观性如何，这个位置都客观地成了视觉重点。但在设计中，若引导得不够科学，必然会使引导目标不能达成，所谓的视觉驻留点就只是设计者心中主观期望的重点，而不是客观的视觉重点。因此，编排设计的学习重点之一就是要了解视觉的客观规律、掌握一般的引导方法和技巧，才能够科学、有效地建立引导流程，将主观的视觉重点变为客观的视觉驻留点，以达成设计目的。

图3-27

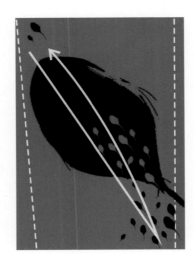

图3-28

图3-27　《生命的时间》这幅招贴的构图，使用了从上到下纵向排列的自然方向，但倒置的瓶子加速了视觉流程（参看黄色线）。斜向的处理，加上左下角的文字，使这个过程在到达底部时戛然而止。设计：[美]Sandstrom Design

图3-28　画面中的大、小蝌蚪都没有按照自然的视觉规律朝下面游动，而是一致地朝向视线开始的位置——左上角运动，黄线所指出的就是视觉被主观引导的过程和方向。设计：孙烁

图3-29

图3-29　这幅在第45届戛纳国际广告节上获平面类银狮奖的足球产品广告，使用多个方向的引导（参看白、红色线），将主体形象——足球推向视觉中心。不要忽略了下方的人物影子，它一方面强调了视觉中心的位置，也平衡了由于夸张的人物动态和拍摄角度所带来的不平衡感。也不要忽略了左右两边的雨水管和倾斜的墙地交接线，它们都为衬托主体或顺畅视线起到了不小的作用。设计：[英]Ed Church

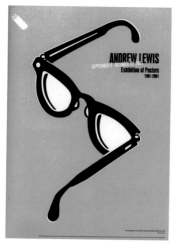

图3-30

课堂练习：

图3-30是加拿大设计师安德雷为参加科罗拉多州国际招贴邀请展的自己的招贴作品所做的宣传招贴。请分析该幅作品在构图上是如何进行视觉引导的。

课后练习：

选择一幅平面招贴设计作品，分析其视觉引导的主要方法和特点。

图3-31

图3-32

图3-31　使用"格局尺度框"对招贴《致命的诱惑》进行分析，可以很明确地看到地铁工作人员的位置是被精心安排的。即使他所占据的面积很小，并在画面的深处，但由于位于趣味点上，便很容易被关注到。而左侧非常突出的模特形象，与身处危险境地的地铁工作人员比较，反而并不突出了，因为视线会长久地被固定在那个远处的人身上。

图3-32　使用"格局尺度框"对这幅动感极强的平面广告进行分析，发现画面中的人物正好贯穿在两个趣味点所形成的对角线上，这个处理对于动感力度的加强具有很大的帮助，也因此突出了快要冲出画面的足球。而由于人的脸部位于中轴线上，成了另一个视觉中心，同时脸部具有自然吸引力，使得视线会在足球和人脸间不断地流连。

图3-33

图3-34

图3-33　这是一幅电影招贴，与图3-32相比，在构图上有很多类似的处理。但图3-33的画面效果相对安静，视觉中心非常固定，形成了明确的视觉驻留点——人物的脸部和标题字的位置，这一是由于视觉中心位置的选择合理，二是由主人公脸部的吸引力以及深邃的目光的诱惑力所致。设计：[伊朗]力扎·阿拜第尼

图3-34　这个标志将视觉驻留点引导到构图的左下角，有点出人意料，常见的使用位置多在右下角。而在J后面的缩写符号——小圆点没有与字母底部平齐，而是位于右上方一些，很好地平衡了偏向左下方向的力量。

CONVERGENTENERGY　　图3-35

图3-36

课堂练习：

请分析图3-35、图3-36这两个标志图形分别是如何进行视觉引导的，它们的视觉驻留点分别在哪里？

课后练习：

选择一个标志设计作品，分析其视觉引导的主要方法和特点，并指出其视觉驻留点的位置所在。

3.4　布局安排

3.4.1　基本概念

1. 布局

布局是指对事物的全面规划。在编排设计中，布局是指对于表现元素在画面中的具体位置进行安排的工作。布局既是宏观的整体把握，又包括进行微观的细节调整。布局是编排设计的最后一环，也是最关键的一环，是知识点最集中的一环，也是最有难度的一环，是一切设想归于实现的终极环节。

1）布局的原则和一般性技巧

在编排设计中，布局安排应坚持的核心原则是把握整体、推敲细节。下面将介绍一些具体的原则和技巧。

（1）在一个作品中不要设置过多的重点。若要传递多个信息，应该通过建立层次关系分出这些信息点的轻重缓急，例如主题文字过长时，可以通过突出关键词的方法先进行强调，再借

图3-37

图3-38

图3-37　在画面中建立起对立的色彩、大小等关系，能够突出主体造型，留下强烈而深刻的印象。设计：李宣谊
图3-38　在协调的关系中，也要制造一些不太强烈的对比关系，将主体内容适当突出，便于读者识别和记忆，留下统一、别致的印象。设计：李宣谊

助关键词的引导读者阅读其他文字。

（2）在一个画面或造型中尽量建立起对比的两个方面，从而衬托主体。主次之间至少要采用一组对立关系，如色彩的对立、大小的对立、疏密的对立、空间位置的对立等。但不能使用过多的对比手段，因为过多的对立关系将导致对比效果的弱化。对比并不一定要选择强烈的对立关系，在许多情况下，弱对比会形成相当和谐的效果，主体在适当的对比中也能被视觉剥离出来，但与强对比作品进行比较时，冲击力会弱一些，但统一感极强的画面也是具有感染力的。

（3）色彩关系在对比各方的内部变化中应尽量协调，使对比关系能够明晰而突出。在一个画面中或一个造型里最好有一个明晰的主色调。即使是采用丰富的五彩色调，也要注意不要造成画面过于花乱。

（4）应该明确视觉中心的位置，在视觉中心必须放置视觉重点内容，为了支持这个视觉中心点的地位，应调动其他元素的表现进行配合。

（5）如果构图采用了比较刻板的形式，这种形式又是必须采用的，那么，使用一点小小的技巧，增加一些有趣的、微妙的细节来减弱这种单调感，增强设计的意味。

（6）能够形成风格的主要手段来源于色彩关系、表现手法、构图样式，要想明确地显现某种风格，应事先将上述三个关系对应具体的风格特点进行研究，同时给出解决方案。

（7）视觉引导方向以及视觉驻留点的确定，要尽量利用"格局尺度框"进行比照和控制，从而兼顾布局的审美性和科学性。

图3-39

图3-40

图3-39、图3-40　视觉中心并不一定要放在画面的中心位置，可以通过图形、文字等元素进行强力引导，改变习惯性的视觉流程，达到有趣、新鲜、独特的画面效果。设计：孙霈

3.4.2　大局的构筑——构图

1.构图与编排设计

构图是绘画中的概念，从广义上讲，构图是指表现内容的形象空间占有状况（本教程中所涉及的空间多为平面空间）。

从狭义上讲，构图是指在画面的布局中选择最能够表现内容的元素，运用审美的原则，使这些元素搭配得当、布局合理、主次分明，并促使所有的编排元素结合成一个和谐的整体，以完美的形式表现出画面主题的思想性、艺术性。目的在于通过构图的处理使画面具有一定的表现力，使其内容鲜明、突出地去影响观者的感受。在平面设计中，构图是指在前面提到的编排设计中"排"的工作。将构图的概念引入编排设计中，是因为平面设计与绘画之间在元素布局上有着许多互通的方法和相近的原则。

野兽派的代表人物马蒂斯认为"构图就是画家用来表现情感的各种元素，依照装饰意味，适当地排列起来的艺术"。中国画论里所谓的"经营位置""章法""布局"等等，指的也是构图的意思。

图3-41

图3-42

图3-41　这个画面中的立体造型虽然是由不同色彩、造型的字体组成，但首先映入眼帘的是几个立体造型块，其次才是对于文字的欣赏和阅读。设计：尧铭侃

图3-42　各种文字与图形进行混合排列后必然形成较强的变化感，也会引发画面花乱的效果，使用比较接近的蓝色调后，画面的统一感即刻增强。设计：武佳

本教程中使用"布局"一词,目的在于能够站在"经营位置"的角度,从更宏观的层面看待构图对于编排设计的意义。同时,也将构图界定为构筑画面大局这一宏观的工作上。

2. 构图法则

格式塔心理学(也称完形心理学)理论传递了一个很重要的观念,即人们的审美观对整体与和谐具有一种基本的要求。简单地说,就是人们在观看视觉形象时,对象首先是被作为统一的整体来看待,而后才以部分的形式被认知,并不是在一开始就区分一个形象的各个单一的组成部分,而是将各个部分组合起来,使之成为一个更易于理解的统一体。也就是说,我们先"看见"一个构图的整体,然后才"看见"组成这一构图整体的各个部分。因此,在设计中,首先应将整体观念放在表达的第一位,因为任何细节的变化都不能超越整体而存在。

在视觉传达设计中,这一观念影响深远,也使得构图法则具有了可以依附的理论基础。

站在这个基础上,就非常容易理解为什么在构图中需要追求变化与统一的法则了。从哲学家的角度来看,世界上的一切事物无不是对立统一的,构图法则就是这一观点的具体印证。因此,下面所涉及的构图法则中都隐含了一对抑扬关系,此起彼伏、相互制约,遵循着多样统一的基本原则,彼此定义着对方。

为了系统掌握编排设计的技巧,获取从认识基础到实际操作的全面训练,在此将构图法则站在编排设计的角度进行阐释,以完善编排的设计理论体系。

图3-43

图3-43　画面中使用明确的大小对比手法,造成明显的对立关系,但由于两个图形采用完全一样的纹理和色彩进行调和,画面的统一感便由此产生。设计:郭洁恩

1) 变化与统一

变化是为了避免单调，统一则避免了在变化中所形成的杂乱感。在编排设计中，如果汇集多个元素或元素之间拉大差异，变化的条件就形成了。编排设计的任务是将这些变化元素进行有机的统一，形成既呈现丰富感，又有内在的规律性的统一整体。

变化和统一是构图法则的根本原则，是其他法则的思想基础。两者之间，统一是主导，变化是从属。变化是为了追求多样性，统一是为了追求整体感。整体感既是构图的最高境界，也是对构图最基本的要求。

2) 对称与均衡

（1）对称

对称是指依据假设的一条中心线(或中心点)，在其左右、上下或周围配置同形、同量、同色、同造型、同结构的布局。从视觉上讲，它具有均齐之美；从心理上讲，它具有协调之美。从本原上讲，对称是自然规律的体现，对称形式的构成样式具有重心稳定和静止庄重、整齐的美感，是最易被人类接受的美的形式。格罗塞在《艺术的起源》中说道："一件不对称的武器，用起来总不及一件对称的来得准确……"，指出了对称的起源首先是因为使用时方便、合理而引发的。人类在长期的生产活动中，通过不断地总结，使对称这一基本结构成了其他法则的审美基础和形式基础，对称的结构关系在形式美法则中是具有核心地位的。

图3-44

图3-44　这幅画面大体呈现对称的格局，但两边的分布重点有所不同，左边使用了一幅夸张、大胆的漫画，而右边以多个小图并辅以文字和灰色的背景后，运用等形不等量的方式对画面进行平衡处理。设计：张磊

（2）均衡

均衡是指在中轴线或中心点上下、左右的造型等量（心理感受的量）不等形的布局，它是依据中心点保持力的平衡的结构关系。这种构图具有生动活泼、富于变化的美感。

对称和均衡有着表面上的差异，却没有本质的区别。两者间最大的共同点就是对于平衡的追求。对称追求的是外在的、物理的平衡，均衡追求的是内在的、心理的平衡。

摄影构图的教学时常提到"正不如斜"，是指过于均齐对称的构图会显得呆板，缺乏生气。这个说法也适用于编排设计，编排元素在画面中要被适当地灵活处理，不应该只借助对称的构图来解决平衡问题。通过创建不平衡的结构，并巧妙地利用一些手段建立起新的平衡，使画面产生生动有趣的效果，会更具吸引力。

3）对比与调和

（1）对比

对比指的是编排元素在质或量方面所存在的区别和差异的情况。在构图中可以通过形、色进行对比，可以通过质、量进行对比，可以通过刚、柔或动、静进行对比。对比凸显的是明确的变化，在画面或造型中必然建立起相对极端的样式，如从黑白、强弱、疏密、大小、色相等关系之间建立起明显的差异。对比所形成的效果应该是具有视觉刺激性和冲击力的，容易引起注意，有助记忆。

（2）调和

调和就是适合，是以视觉的舒适感为目的的。调和的方法是在对立的各方之间找出统一、和谐的因素加以表现，如适当地减弱层次感、适度地使用邻近色、适时地建立呼应关系等。

对比与调和是相对立的，但在追求对比的同时，也要注意整体关系的调和，对比中必须关照调和性；调和也是在对比的前提下才能涉及的，没有对比，也就谈不上调和。两者间相辅相成，互相依托，才能使画面既显得强烈而又不失整体感。

4）节奏与韵律

（1）节奏

节奏是具有规律性、周期性的重复形式，是秩序关系的体现。节奏源于音乐的概念，对应的是视觉设计中的"点"造型，是视觉跳跃时的着陆点。节奏在编排设计中被认为是反复的形态和构造，它会按照等距离或一定的比例关系反复排列元素，做空间位置的伸展，所产生的节奏感会具有重复性特点。通过反复地表现强弱、虚实、大小等变化关系所造成的节律美，很容易引发阅读者的心理共鸣。

（2）韵律

韵律是节奏的串联者，对应的是视觉设计中的"线"造型。如果说节奏是点的话，韵律就是串联节奏的线条，视线会随着韵律所构建的实或虚的线条而流动，并不断地在各个节奏点上驻留。作为线条，自然就有平直和波动的样式，韵律可以表现出类似的强弱起伏、抑扬顿挫的效果，从而形成优美的视觉流程。

节奏与韵律之间互相依存,无节奏,韵律会显得苍白,无韵律,节奏会显得突兀。但两者间也并非要旗鼓相当地进行对照,节奏强、韵律弱,韵律强、节奏弱也是各具特点的,在具体的设计表现中应合理地选择。

5) 条理与反复

条理是指规律,反复是指重复。条理是要通过反复来呈现的,反复必然形成一定的条理感。自然界为人们提供了大量的反复与条理的例证,如生物的繁衍与生长、四季的更迭与轮回、天体的运转与变化,人们从这些现象不断的重复中总结出了规律,看到了条理与反复的单纯朴素之机械美。

在编排设计中,将构成元素梳理归纳为有序的状态,形成条理感,并以重复的样式出现在画面上,可以形成一种特殊的组织形式,以追求秩序美带来的独特效果。

6) 比例与尺度

比例是指整体与局部、部分与部分之间长度、体积与面积的线性关系,尺度一般指各种事物的横宽、竖长的实际尺寸。这些概念在前面的内容中有较为详细的论述,在这里作为构图法则被加以强调,是因为合理的比例和尺度在编排设计中是很重要的布局依据。

亚里士多德在其《诗学》中提到:"一个有生命的东西或是任何由各部分组成的整体,如果要显得美,就不仅要在各部分的安排上见出秩序,而且还要有一定的体积大小,因为美就在

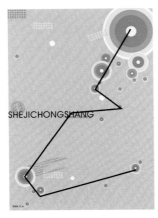

图3-45

图3-46

图3-45、图3-46　画面中的斑斑点点、琐琐碎碎的图形文字,在经过了特别的编排后,使视线被有意识地引导,使整个视觉流程(参看图3-45中的黑线所示)贯穿了关键性的节奏点。设计:张艳

于体积大小和秩序。"这句话告诉我们,美与秩序、大小等因素有着密切的关系。在编排设计中,设计者应掌握一些美好的数值关系,从而控制画面元素的位置、大小等,并利用一定的比例和尺度建立视觉上的合理性和舒适感。

上述六个构图法则形成了编排设计的程式化语言前提,是被前人总结出来的美的规律性原则,这些表现美的程式化要诀不会对构图思维形成限制,也不会对想象力、创造力以及自由发挥构成约束,它最重要的作用是在人们追求艺术美时进行原则、方向把握的。这些基本的法则应该被牢记于心,并在具体的设计实践中进行体会和融会贯通。

3. 构图样式

虽说中西方文化有着很大的差异,绘画和设计作品中也有截然的差别,但在构图样式上,中西方却有着诸多共通之处。相较而下的构图样式,可以使我们更立体地掌握,并灵活地运用

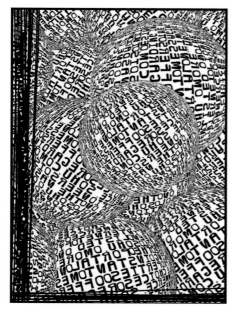

图3-47

图3-47　反复使用同一个造型很容易造成条理感,可以形成视觉的习惯性认识,在心理上会留下秩序美的印象。设计:郭洁恩

多种构图式样进行平面设计的布局安排。下面将一些典型的中西方绘画构图样式进行简单比较，希望通过这番总结，为现代平面设计的元素编排注入一些营养。

1) 西式构图说

西方的构图原理是建立在以几何的线、面为依据的前提之下的，其中以线分类的构图形态有：垂直线构图、水平线构图、斜线构图、十字线（包括对角线）构图、平行线构图、S线构图、Z字线（包括N字线）构图等。以面分类的构图形态有：三角形构图、圆形构图、菱形构图、交叉形（放射形）构图、L形构图等。另外，还有在上述构图基础上的、多种类型聚合的复合型构图。下面将对常见构图特征进行简单介绍。

（1）垂直线构图是具有安定感的强固构图。一般来说，视线由上至下移动。

（2）水平线构图是具有安定而平静感的构图。一般来说，视线从左至右移动。

（3）斜线构图是强固而有动态感的构图。观者视线由斜度决定，大于45度时，视线由上斜向滑下。小于45度时有两种情况：由左上向右下斜者，视线由上至右下滑落；由左下向右上斜者，视线自左下至右上升起。

（4）十字线（包括对角线）构图是具有凝聚视线作用的构图。无论交叉的倾斜度如何，关注点都会集中在交叉点上。十字线构图庄重，对角线构图强力、稳定。

（5）平行线构图是一个不能集聚视线的构图。包括水平、垂直、倾斜平行的构图，均有分割版面的感觉，会形成连续的规则性排列格局。

图3-48

图3-48　在这个大胆的构图中，斜排的字体形成一个矩形块，斜挂在画面的左上角，这个位置是经过了黄金比例（横向）和$\sqrt{2}$比例（纵向）的测算才确定的。这种通过一定的比例建立合理尺度的方法，在编排设计中非常多见。设计：惠耀

（6）S线构图是具有优雅、柔软的运动感的构图。视线会随着诱导线自然、舒适地流动。

（7）Z字线构图是强调平衡感的构图，视线会随着诱导线在画面中折返，从而达成平衡感。

（8）三角形构图是具有安定和平和感的构图。正三角形会将视线引导上升，视点多半会凝聚到三角形的上顶角；倒三角形会将视线引导向下，视点多半会掉落到三角形的下顶角。

（9）圆形构图是一个视线难以固定的构图。视线会呈环状回旋于画面或造型上，可以长久吸引注意力。因此，主要内容一定要置于圆形之内，才会使视觉的关注有价值。

（10）菱形构图是一个能明显形成中心区域的构图。菱形边角与画面边缘形成对立，清晰地在画面上分出了一个新的部分，能够很好地集中视线。

（11）交叉形构图是一个聚散视线的构图。多个线条指向一个着眼点，既可聚集视线，又可分散视线。

（12）L形构图是一个相对静谧的构图。由于主体的垂直线会位于画面的左边或右边，水平线会位于画面的上边或下边，主体内容不在几何中心，具有安静和退缩感。这种构图往往需要

图3-49

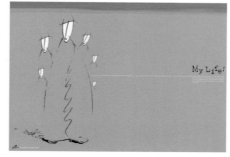

图3-50

图3-49　这个页面采用了竖向的平行构图，将版面分割成为多个空间，借用色彩进行区域分割后，可以在其中安排不同的文字内容，阅读的条理显得非常清晰。设计：张磊

图3-50　水平型的构图，视线自左至右进行流动，右侧所具有的力量完全可以平衡掉左侧较大的人物所产生的吸引力。设计：张磊

在对称的位置构筑一个实或虚的L形造型进行平衡。

（13）复合型构图是一个情感复杂的构图，情感特征的倾向取决于所借助的主要构图样式。由于其综合多种构图样式，因此在运用时需要通过强调重点，把握画面的内在规律，避免杂乱无章的情况。

上述构图形式无论在传统绘画上还是在现代设计中都是非常多见的，平面设计的布局大多离不开这些构图样式。

现代构图和传统构图之间最大的差别，在于现代构图中设计者将带有现代语言特点的元素进行编排时，能够创造性地利用传统构图形式，从而形成了新鲜的、带有时代意味的画面或造型。

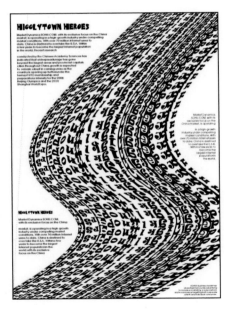

图3-51

图3-51　S形的构图，促使视线优美地流动。设计：郭洁恩

2）中式构图说

中国画的构图一般不遵循西洋画的黄金比律，画面尺寸不是横向的长卷，就是纵向的立轴，这种比例大胆、特殊的画面构图，可以很好地反映创作者所要表达的意境和主观情趣。

虽说中国画不拘泥于某种数字比例，但构图表现上也有经典的"程式"可以因循，但在面对程式时，又有着"要程式，不要程式化"的客观而理性的积极态度。

常见的构图程式有："之"字形构图、三线体构图、对角线构图、三角形构图、段叠式构图等。

（1）"之"字形构图程式——从太极图左旋右转的阴阳交错中得到的启示。"之"字形既可以将内容平衡地分于两边，又不至于使构图过于呆板，是在均衡中求得统一的良好方略，非常类似西式构图中的Z字形构图的特征。

（2）三线体构图程式——在处理以线造型为主结构的构图时，一般会使用三根线，即所谓主线、辅线、破线的作画方式。

（3）对角线构图程式——构图规律为对角落墨或对角布白，形成一种错位均衡，有些类似西式构图中L形构图的特点。

（4）三角形构图程式——画面中所表现的物象外轮廓呈三角形，结构非常稳定。

（5）段叠式构图程式——石涛在《画语录》中曾提到山水画构图中可以"三叠两段"式进行表现。所谓"三叠"，是指"一层地，二层树，三层山"；所谓"两段"，是指"景在下，山在上，俗以云在中，分明隔作两段"。这一程式为山水画的一般构图确立了简单的模型，便于学习和掌握。

中国画在构图处理上非常讲究程序和基本原则，如在作画初始，首先要考虑"定位分疆"，进行所谓的画面分割，确定空间关系；在内容的排布上讲究"画贵分合"，非常注重画面中内容

图3-52

图3-53

图3-52　对角落墨或对角留白是中国画中常见的构图方法，吴昌硕先生的这幅作品很典型地使用了对角构图的方法。

图3-53　吴作人先生的《藏原放牧》使用了"之"字形构图，在处理透视的问题上，效果非常明显。

的聚散分合；中国画在空白处尤其注意经营，常常借用书法上"计白当黑"的手法，即对没有内容表现的部分要像有内容一样地进行认真推敲和处理，画面中既有严守真实的空间和布白，也有打破真实的空间和布白，这样就使物象在出现时，可以依照艺术的需要变化其形象、更换其位置。

编排设计中，有许多思维和方法都与中国画的构图有类似之处，如程序上的先分割、再布局等。

3.4.3　细节的处理——微调

在编排的大局构筑完成之后，为了能够进一步强调整体感，达成完形心理需求，需要调整细节、归纳元素。这是一个修枝剪叶、抛光打磨的过程，非常需要有积累而形成的经验、充沛的知识以及良好的审美素养。当然，这些素质必须通过恰当的、一定数量的训练来提升。下面介绍一些具体的细节处理方法。

1. 减法

减法是在已经排布好的画面或造型中，有意识地删除一些部分的做法。删除应该不会对构图造成缺损、对内容造成误解才对。最美、最适度的经典画面或造型，往往都是多一分显挤、少一分显空的理想状态，减法与加法的运用就是在试图达成这样的境界。许多时候，人们总是认为丰富才是画面组织的主要目标，占满空间才不会显得单调，在这个过程中不断地添加，使得作品臃肿，重点被淹没。使用减法是要进行有效地、合理地剔除，使作品的形式更加简洁，

图3-54

图3-55

图3-56

做减法的主要目的是使用较为简洁的形式语言呈现整体感。图3-54至图3-56三幅图，是一个逐渐减去色彩层次的过程。统一感逐渐加强，简洁感慢慢上升，然而单调感也随之出现了。设计：王静

语言表现更加准确。

对于有了一些视觉设计经验，又掌握了一些设计语言的学生来讲，做减法是会感觉痛苦的，对于每一个细节都有许多不舍，一个作品中往往会有形式语言混杂，没有内在联系，缺乏主要特点，重点不能凸显的尴尬状况。这是初学者要学习做减法的最重要原因之一。

2. 加法

加法是与减法对应的做法。在已经排布好的画面或造型中，增加一些色彩变化，增加一些小的造型，补充一些细节纹理，使单调的画面显得充实些，使不平衡的状况得以改善等，都属于加法范畴。

加法并非是简单地增加内容，它是在找寻到构图的缺陷后的补救工作，自然需要敏锐的观察力和一定的设计经验，设计者并应具有多种设计手段才能合理地解决问题。

对于初学者来讲，做加法是很有难度的。因为自己所具有的设计经验和掌握的设计手段较少，经常将画面处理得简单化、直白化，缺乏可看性。因此，需要对成熟经典的作品多做研究，剖析其元素构成特点，增加视觉阅历，提升做加法的能力。

3. 归纳

归纳是将多个元素、多种形式归入到一个比较接近的范畴里的做法，可以有效地提升整体感，形成统一感。归纳的方法和角度较多，可以从以下几个方面展开来看。

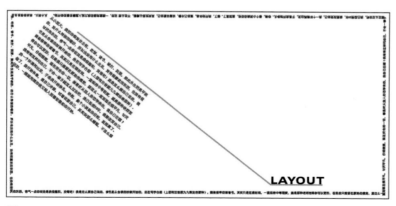

图3-57

图3-57　前文中介绍过的这个构图虽然大胆，但并没有完成对画面平衡感的处理，画面显得空荡和不稳定，字块总有一种要跌落的感觉。通过稍加改造，如图3-57所示，为其加入标题字体，并放置在视线顺着字块自然滑落的位置后（参看由红线引导的位置），适度地丰富了画面，促进了画面平衡感的形成。这也是做加法的意义所在。设计：惠耀

1) 趋同法

趋同法是缩减元素或构成方式之间距离的方法, 包括以下几种情况。

(1) 尺寸趋同

将次要元素的长短、大小或面积趋同, 将这部分内容控制在一个比较接近的层次上。

(2) 色彩趋同

将比较接近的色彩进一步概括, 减少一些变化。也可以将一些不同色相的色彩彩度或明度拉近, 减弱色彩的跳跃程度。

(3) 造型趋同

使用一些类似的造型处理手法, 将形式语言特点尽可能靠拢, 使整个作品呈现明显的类似性、一致性的形式语言格调。

(4) 方向趋同

大多数的造型都按照视觉中心的位置进行有指向性的排布。方向的趋同还应包括平行的关系处理, 它可以使阅读建立明确的、具有条理性的路径, 也可以分隔画面或结构, 形成多个归纳区域。

(5) 位置趋同

将一些性质接近的元素在位置上进行拢合、归纳, 使一些具有对比性的关系通过位置或距离的差别形成更加明显的对立。

2) 合并法

合并法是将一些相对独立的造型、色彩进行融合, 减少层次关系, 使节奏更加明晰简洁。

图3-58

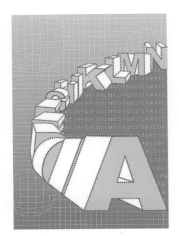

图3-59

比较图3-58和图3-59, 它们都是通过色彩的趋同进行归纳, 使众多的元素在同一个区域或在整个画面中协调起来。另外, 通过重叠排列, 使多个字母连成一个新的造型, 并通过方向的趋同迫使阅读跟随设计的引导。

设计: 王静

3）重叠法

重叠法将一些散点罗列的造型或色彩进行上下或前后叠摞，形成一定的覆盖关系，使得这些原本各自为政的元素聚结成一个新的造型，视觉统一感自然会明显增强。

4）整齐法

整齐法是将构成元素在排列或塑造时，形成明显的外形统一感。例如文字排列的对齐方式、标志设计的外形适合方式等都属于整齐法的类别。

5）完整法

完整法是将一些看似零散的构图或造型进行实际的修补或视觉上的修补，使其完满或看似完满，以满足人们的格式塔（完形）心理追求。

4. 分离法

分离法是将一些过于密集、重叠、影响到视觉效果或阅读功能的部分，进行拉大距离或重新编组等处理，提升条理感、清晰度以及功能性，对画面或造型的主题突出起到较好的作用。

小结

1. 确立设计主题，把握设计方向

主题是对设计对象进行设计表达的基本方向，是确定形式语言的主要依据。只有明确了主题，才能进行有效的设计，设计作品的成败往往也就在此。

2. 格局尺度

"格局尺度框"是一个非常有效的编排训练基地，要掌握它的制作原理和一般的使用方法，并学习使用"格局尺度框"对编排设计作品进行构图或结构分析，从中体会设计技巧。

3. 引导

1）客观引导——顺应正常的视觉规律。

2）顺应客观的主观引导——顺应正常的视觉方向，延缓视觉流程。

3）主观引导——创建有目的视觉方向。

4）掌握视觉驻留点的特点，并通过引导方法的学习，建立主观视觉中心。

4. 布局

1）掌握基本的构图法则，并学会使用这些法则分析作品并进行创作引导。

2）掌握常见构图方法的特点，并在创作中尝试使用这些构图进行画面或造型编排。

3）掌握一些常规的微调方法，对已经形成的画面或造型进行调整，以追求更完美的视觉效果。

第4章　编排设计方法

4.1　网格构成
4.2　自由构成
4.3　综合构成

4.1　网格构成

现代编排设计的方法是建立在传统书籍版式设计基础之上的，但发展到今天，编排设计的应用媒介已经不仅限于书籍的版面了，而且扩展到了平面设计的方方面面。但传统版式设计的构成样式和处理手法对编排设计影响深远，直到今天仍有很大的使用空间。

近100年来，编排设计的方法经历了多次变迁，从崇尚繁复装饰的维多利亚风格开始，到极具理性与提升效率的网格构成，再到不受任何约束的、反理性的自由版式构成，完成了一个跨越两极变化的形式历程。至今，在平面设计中，各种编排方法并存，甚至融合，为平面设计提供了丰富的编排语汇。下面主要介绍现代主义开始后的编排设计方法的主流形式。

4.1.1　网格设计概念

网格设计也称栅格系统、分割设计等，源于现代设计先驱们对设计语言探索的结果。他们利用各种对平面的系统化分割形式，给予设计元素以某种特定的构成基础，由于其追求简单的、理性的美，网格设计方法成了版面设计走向现代主义最重要的标志。各种各样的网格为文字、图形提供了一个个标准的结构，在设计初期首先建立起了为元素进行布局的固定格局。

网格设计方法从欧洲传到日本后，在杂志版面的编排设计中得到了充分运用，因为它为系列感的形成搭建了科学的基础，同时也极大地提升了编排工作的效率。这个成果对于现代设计

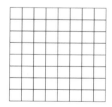

图4-1

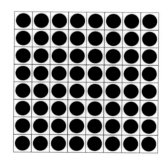

图4-2

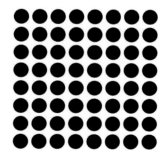

图4-3

第一步：创建网格（图4-1）。
第二步：依据格子自由选择使用方式（图4-2）。
第三步：脱格完成（图4-3）。

观念的影响极大，网格设计也因此成了科学、效率的代名词。至今，网格设计系统已经经历了近一个世纪的洗礼，仍然有着不可替代的作用和价值。

由于网格的机械性、限定性特点，对于这种编排方式，许多人持有不同看法。对于人们通常认为网格体系对设计的限制性太强的批评，"58等份网格系列"的创建者卡尔·格斯特纳发表了自己的看法："版面设计的网格是文字、表格、图片等的一个标准仪。它是一种未知内容的前期形式……真正的困难在于如何在最大限度的公式化和最大限度的自由化之间寻找平衡，就是在大量的不变因素和可变因素中寻找平衡。"他认为这些看似有条理、简洁的网格，既可以简单地加以应用，也可以让其发挥更大的潜力，它们在设计运用中包含着复杂的变化可能，是需要一定的创造性思维和驾驭能力的。

因此，不能简单地认识和看待网格系统的设计和应用。网格设计这个戴着典型程式化帽子的编排方法，实际上蕴含着巨大的创造性余地，用法不同，效果迥异。

4.1.2　网格设计原理

网格设计是建立在一定的比例关系和数字计算的基础之上的，所形成的网格要么具有重复美，要么具有节律美。

因此，在极为理性的前提下，它也搭建起了现代主义的审美基础，游走于科学的可读性和情感的可读性之间。网格设计是包豪斯所开创的构成语言的经典运用成果，其原理可以借由一般的构成关系进行解读。下面为网格设计程序的原理进行分解说明。

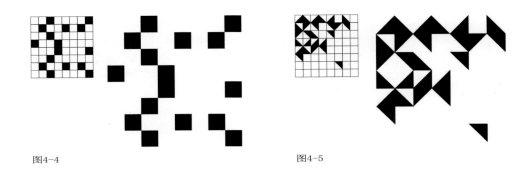

图4-4　　　　　　　　　　　　　　　　　图4-5

图4-4　在使用中，可以利用部分网格单元，进行有一定规律的排列。
图4-5　在使用中，可以利用部分网格单元，进行没有规律的排列。

第一步：创建网格。如图4-1所示，建立一个具有规律性的网格格局。本例为每个单元均为正方形，共计8×8个紧密连接的、简单的重复性网格。

第二步：依据网格自由选择使用方式。如图4-2所示，在网格中根据设计意图自由安排造型元素的位置，这里提供了四种不同的元素内容和不同的网格利用方式以做比较，如图4-4、图4-5、图4-6、图4-7所示。

在使用中，可以对每一个网格单元都加以利用，也可以只利用部分网格单元；对每个网格单元，既可以全部占满，也可以部分利用。

第三步：脱格完成。
将网格利用完成之后，删除网格，留下内容。图4-3所示是针对上一步排列完成后的效果。可以看到，同样的网格，由于有着不同的内容和不同的使用思路，所形成的结果很不相同。

简单地看，网格设计就是这三个步骤，其原理并不难理解。然而在实际中的应用却并非这么简单，是需要一定的运用技巧和经验的。

4.1.3 网格设计技巧

1.创建怎样的网格

所谓的网格创建，就是对于编排区域进行分割的过程，也是在上一章节中提到的建立格局的工作环节。它既可以利用已有的经典网格，也可以创建适合内容表现的新网格，还可以结合经典网格进行调整、改造以适应实际的需要。由于这个网格将约束所要表现的内容，因此必须

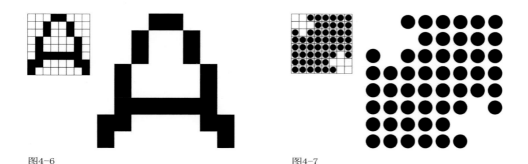

图4-6

图4-7

图4-6　在使用中，可以利用部分网格单元进行造型处理。
图4-7　在使用中，可以根据网格格局进行造型塑造。

与内容进行关联。

1）重复的网格系统

每个单元格都是同形状、同大小的网格称为重复网格，同时其排列也十分有序，效果非常统一。

2）渐进的网格系统

单元格之间的大小、形状、位置等方面按照一定的比例渐次地变化，形成规律感极强的递增、递减效果。

3）自由式网格系统

单元格之间虽然遵循一定的尺寸或造型样式，但其中有着很多变化的可能性，使编排的结果既呈现多变的效果，又有着内在的关系，是自由度较大的网格系统。

4）网格的叠加

一个设计作品并非只能使用一个网格，通过网格之间的叠加，使网格的限制条件更宽松自由，编排元素可以被更灵活地安排。

5）网格与方格

早期的网格造型都是以各种比例的方格为主要的结构样式，但随着时代的发展，对于网格的认识也有了新的观念，认为网格是一种设计思维，前提是给予布局的限定，而不一定是给予

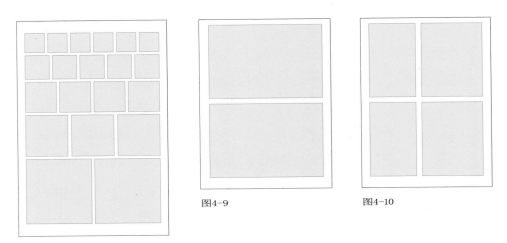

图4-8

图4-9

图4-10

图4-8　这是一个典型的渐进式网格系统。
图4-9与图4-10使用同样位置、尺寸的编辑区域，但分割方法不同，提供的文图占据空间有所不同，两者之间的网格延续性依靠其比例关系、间距等数据关系，属于自由式网格系统。

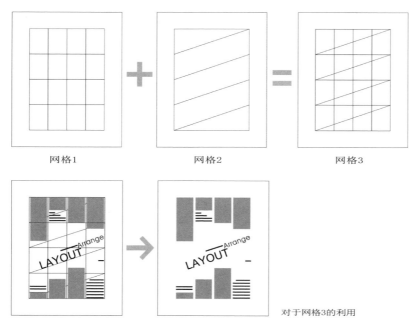

图4-11

图4-12   图4-13

图4-11　网格可以被叠加使用。将网格1与网格2进行重叠，获得一个新的网格———网格3。网格3兼具网格1与网格2的特点，可以提供更多的变化可能。在运用中要注意将两个网格分出主从关系，如图所示，标题使用一个网格，内文和图片使用另外一个网格，在呈现整齐格局的同时，又不失变化。

图4-12　回形排列的文字在阅读时有一定的困难，但所构成的形式感很具装饰性，因此使用这类网格时，一定是为追求图形效果而不是阅读效果。

图4-13　该图的排列依据不是方格，是一个图形，文字依图形结构为路径进行排列，原理与网格设计相同。

方格的限定。这种看法将网格设计扩展到了更大的范围里。方格之外的网格，虽然不是表面意义的网格，但其实质都是在限制之下进行的编排设计。

如图4-12所示，这是一个回形网格，虽然也是以方格为基础的，但方格之间的排列关系有着自己的特点。回形构图也可以是其他造型的样式，如圆形、三角形的回形格等。

如图4-13所示，这个设计中排列的依据并不是方格，而是一个图形，文字根据图形的结构作为路径进行排列，原理上仍然具有网格设计的特点。

2. 怎样利用网格

网格的利用牵涉许多网格与编排元素之间关系的具体细节，需要站在多个角度来探讨，包括全部利用、部分利用、突破式利用、保留网格等方面。

1）网格与排列

在网格中，编排元素可以有多种方式进行排列，如居中排列、居边排列、沿路径排列等，参看图4-14至图4-18所示。

一般情况下，同一个网格系列使用一种排列方式，以保证作品的统一感和整体感。但也不排除同时采用多个排列方式的情况，例如：标题字体采用居中排列，内文字体采用居边排列；文字采用居边排列，图形采用居中排列等。采用多个排列方式的原则是要在有明显的整体排列趋势的情况下，只进行个别细节的变化，目的是为了突出主题或形成一定的对比关系。

图4-14   图4-15

另外，居边也会有不同的情况，如居左边、居右边、居上边或居下边等情况。沿路径排列是网格排列的一种特殊情况，也有居边和居中两种情况。

2）网格的虚实

网格的虚实指的是网格的利用率。在使用网格的编排设计中，并非所有的单元格都要被充分利用和占据，这首先是因为编排设计的主题追求和作品格调定位所致，同时也与画面或造型处理的疏密布局有关，与元素的大小、多少的实际情况也有关系。因此，在同一个作品中会出现有的单元格被全部利用，有的单元格被部分利用，有的单元格空白等情况。

单元格利用的原则之一是，除了全部利用之外，空白面积应尽量与单元格形成一定的比例或倍数关系；原则之二是，一个编排元素可以占据一个单元格或多个单元格，若一个单元格不够或占不满一个单元格时，所留下的单元格空白也应尽量与单元格形成一定的比例或倍数关系，这些原则与"知白守黑"是不谋而合的，它可以使虚实之间建立起一个和谐的、具有内在联系的比例关系。图4-19中图文位置并没有占满所有网格，但空白与格子尽量保持了一个倍数关系。

图4-17

图4-16

图4-18

3）网格的突破

在利用网格时，除了通过留白留空进行疏密变化外，还可以通过局部打破网格约束的方法进行突破表现，使严谨的网格设计体现出灵活性。如图4-21所示。

4）网格与形象

一般情况下，当限制任务完成后，网格都会被删除，使作品显现出来。但某些时候，作品中的一部分造型就是网格，换句话说，网格也可能是形象的一部分。这种情况下，网格在完成了限制任务后，并不会被删除，而是作为形象被保留了下来，如图4-22、图4-23所示。这时，作为造型的网格线的色彩、样式、粗细也就需要设计一番了。

5）网格与标题、注释等文字的关系

大标题、注释文字可以游离于网格之外，并不一定要在网格的范围里被限制，与网格在同一个

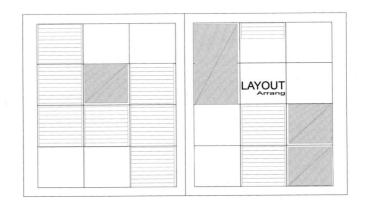

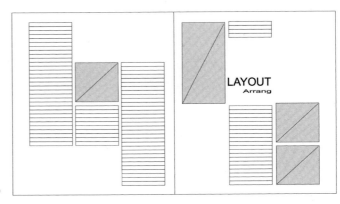

图4-19

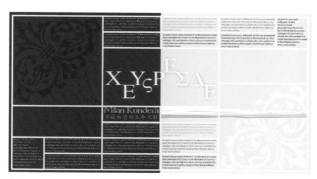

图4-20

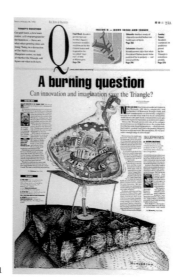

图4-21

图4-22

图4-23

图4-20　在这个版面中，网格的虚实被表现在两个方面：一是色彩的对比所形成的虚实变化；二是在使用网格时，并非所有的单元格都被充分利用，一些空格形成了虚的区域。设计：张磊

图4-21　一般的报纸版面都使用自己的网格系统进行排版，但有些时候为了突出一些内容，提升阅读效果，会采用一些突破网格的手法，形成明显的视觉效果。

课堂练习：
分析图4-22、图4-23的分割比例依据。

课后练习：
利用图4-22或图4-23的分割方法，自己组
织图片、文字内容进行排版练习。

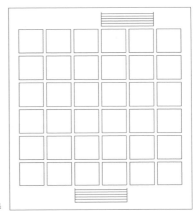

图4-24

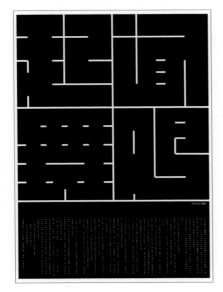

图4-25

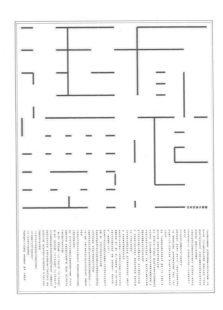

图4-24　图中的小方格是安排文字和图形的，注释文字和其他的说明被放到了主要的格局之外，但与主要的格局之间仍然有着一定的比例和位置关系。

图4-25　海报的主体造型"闻鸡起舞"四个字体在画面上端四个方正的格子中整齐地排列着，而内文字体则在画面下方剩余的空间内进行排列。在这个作品中，次要内容是游离在网格之外的。设计：秦阳、龚威武、王天甲、惠耀

层次上进行排列。它的对齐方式和对齐依据都与网格一起面对整个编辑区域。但网格、大标题、注释文字之间应该有一定的位置和距离关系，如图4-24所示。

3. 网格与编辑区域

网格并不一定要在编辑区域的正中间，与编辑区域的天、地、边之间的距离可以自由设定。如在书籍版面的布局中，网格往往都是偏向书口一边，防止内容的阅读被订口所影响。在大标题以及注释文字不受网格约束时，网格在编辑区域的位置就有了更多的变化。如图4-26所示。

4. 网格的应用

网格的建立是为了规范版面设计、提升版面设计效率的，但如今，网格在平面设计中还被应用到了标志设计等方面。

5. 网格与格局尺度框

格局尺度框作为美的衡量标准，是寻求舒适度的客观依据。网格设计是制造设计样式的，是主观的，是追求效率和规律美的。形象地说，网格是个房子，是盛装编排元素的；格局尺度框是把尺子，它是通过测量，决定编排元素在网格中的大小及位置的。

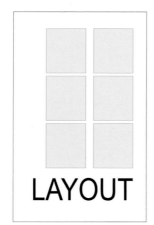 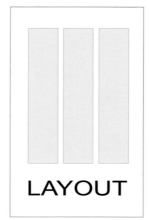 

图4-26

图4-26　图中红色部分为版面主要内容的编辑区，它不一定要位于版面中间。大标题也可以与网格没有关系，根据需要进行位置的选择。这样处理可以在严谨的格局下，构成一定灵活变化的基础。

4.1.4　网格设计案例

1. 纸张分法网格

分割方法: 在一个矩形区域里, 不断地进行二等分。这种方法类似于对纸张的裁切, 因而得名。按照不同的分割思路, 可获得不一样的网格。如图4-27至图4-29所示。

比例: 不限

使用方法: 图片和文字根据实际需要在网格中进行排列。

2. 二十四分法网格

分割方法: 在一个横向矩形中, 或在竖向跨页版面中的两个页面中, 分6列4行, 形成24个相等的方格。每格之间有一定空隙, 用来间隔内容。如图4-19所示。

比例: 不限

使用方法: 图片和文字根据实际需要在网格中进行排列。

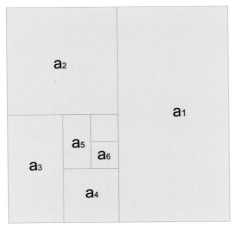

图4-27

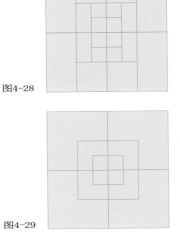

图4-28

图4-29

图4-27　将编辑区域不断地二等分, 可以获得一个渐变式的网格格局, 这是根据纸张裁切的原理进行的分割。如果将其他部分也同样分割, 并进行删减后, 这个分割可以衍生非常多的格局关系: 图4-28是将图4-27进行旋转对称后获得的新网格, 图4-29是将图4-28进行删减后获得的格局……

3. 58等分网格系列

创建者: 卡尔·格斯特纳。

分割方法: 在一个正方形的范围里, 横向和纵向均分为58份, 每一份为一个单位。

可以在此基础上分割出6种网格, 每个格子之间间距为2个单位, 这6个网格的具体分割比例为: 1/2—28×58 空2, 1/4—28×28 空2, 1/9—18×18 空2, 1/16—13×13 空2, 1/25—10×10 空2, 1/36—8×8 空2。如图4-30所示。

比例: 正方形

使用方法: 图片和文字根据实际需要在网格中进行排列, 如图4-31所示。

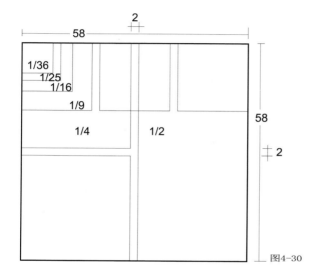

图4-30

图4-31

图4-30 这是将58等分网格系列的6种分法合并表现在一个图中。这个网格非常适合图片较多内容的编排, 在应用中可以根据需要任意组合网格。

图4-31 提供了3种使用示例, 都是在1/16分法的网格中进行排列的。

4.渐进式格子系统

创建者：理查德·保罗·罗塞。

分割方法：文字（灰）与图片（红）的分割比例如图4-32所示。文字的比例和位置固定，图片的范围固定，但分割方法有多种情况，图文间空隙以及与页面边缘的距离如图所示。

比例：正方形

使用方法：图片和文字根据实际需要选择不同的网格进行排列。

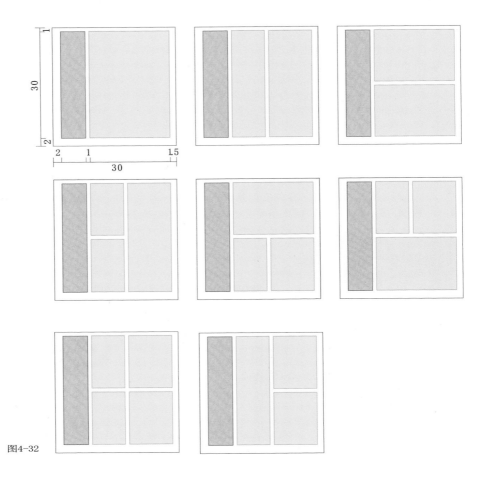

图4-32

图4-32　1960年理查德·保罗·罗塞创建的渐进式网格，属于自由式网格系统。这种留出大面积图片位置的分割，非常适合画册的编排。

4.2 自由构成

4.2.1 自由构成的时代背景

自由构成的代表人物是美国人戴维·卡森，其于20世纪90年代在版面布局方面的革新引起了全世界的关注。他的作品借助计算机技术带来的便捷性，打破传统，打造出全新的美学理念，作品中充斥着自由精神，尤其是在字体表现的思维上超越了传统的形式认识，开创了设计表达的新概念。虽然备受争议，但它所具有的创新精神和巨大的影响力以及独特的才能，对年轻的一代设计师影响巨大，使其拥有了无数的拥护者，自由构成的设计思维得以广泛扩散。自由构成并不是从戴维·卡森开始的，但在戴维·卡森的作品中得到了弘扬，使其成了这个时代设计语言的象征之一。

4.2.2 自由构成的特征

自由构成是相对于极具理性的网格构成而言的。虽然没有具体的限制条件，它却有着许多属于自己的编排特征，如：版心的无界性，没有固定模式限制版心；字图的一体性，文字经常被当作图形进行处理或文字图形化，不易区别文字与图形；字体的多变性，同一内容的字体在大小、位置等层次上变化较多，给阅读造成困难；破碎的解构性，形成一种看似杂乱无章的

图4-33

图4-34

图4-33、34　自由构成最大的特点之一，是对于文字表现形式的颠覆。在这两幅作品中，文字是作为装饰主体而不是阅读主体。强调对比效果的自由形式感，对阅读兴趣的刺激是很有效的。设计：马佳

效果，肢解正常的图形图像，并充斥着许多似乎无意义的琐碎细节；内容的不可读性，许多内容的安排并非为了清晰地呈现实际细节，而是作为装饰的一部分，通过视觉效果传递某种心境而已，这种装饰语言颠覆了古典主义留给我们的印象。

4.2.3　自由构成的表现技巧

1.确认情感特征

自由构成并不是在非理性状态下的冲动作品，它应该是具有明显的情感追求的作品。因此，在设计之初，首先要明确需要表达的情感特征，如静中有动、自由奔放、苦涩另类、怀旧深沉、天真烂漫，等等。

2.选择自由元素

除了纯粹的设计游戏外，设计作品都会受到来自功能性的约束，在设计方案中应该剥离出情感表达元素和功能性元素，情感表达元素在设计时的表现可以充满自由性，但功能性元素则要顾及阅读性。

3.选择表现角度

自由构成的设计，并不是在每一个作品中都充斥着所有特征；在设计方案中，可以选择自由构成的一个特征进行表现，也可以选择多个特征进行综合表现。

图4-35

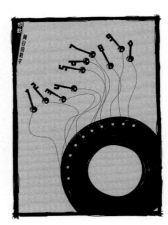

图4-36

图4-35　在这个"复视覆"网站的首页设计中，斑驳的、凌乱的背景上，不安分的、动感极强的造型反映着年轻人躁动的心态。设计：杨博
图4-36　随意的手绘风格，也是自由构成表现的特点之一。设计：郭洁恩

4.3　综合构成

理性表现和非理性表现的结合，古典主义与现代主义的结合，传统的民族元素与现代形式的结合……这些现象的存在，是这个时代宽容精神的具体体现，在许多艺术作品中都有所反映，在编排设计作品中也经常性地充斥着这种"混搭"的味道。

传统的编排设计手法是易于掌握和理解的，仍然有着广泛的认知、认可度，并不会随着时代的进步而消亡；网格设计的科学性和实用性都是不容置疑的，它严格的限定条件所形成的统一感、整体感是不可替代的；自由构成饱含设计者的情感因素，能够打动和影响阅读者，时代印记非常明显，自由的形式使人耳目一新，极受感染。这些不同时期的编排设计语言，在今天被统统接纳，同时并存，自然会形成混合了上述多种手法特征的编排形式，这是时代的选择，是自然发展的结果。

一些编排设计的作品主体内容排布理性，主题部分表现自由，甚至还要加上一些古典主义的装饰，形成了既现代又古典的混合风格。这种综合性的构图已经成为编排设计中不能忽略的另一个潮流。

这种构成是很难界定其具体的方法的，因为它需要经验的积淀，是积累之后的自然表现和流露。

图4-37

图4-38

图4-37　在印刷技术、计算机技术成熟的今天，许多作品又开始尝试使用旧的照片效果进行剪贴、重组，形成一种既古老又现代的形式感。在这幅招贴中，设计师有意识采用马赛克式粗糙的图片，并以剪贴的手法处理，怀旧意味浓厚。

图4-38　在日本著名设计师杉浦康平的这件作品中，版面中既能看到网格的约束，也可以感受到对网格的延伸性变化，使版面间既有秩序感，又保有多变的丰富性。

图4-39

图4-40

图4-41

图4-39　这幅《书信回家》的招贴作品，虽然使用了比较传统的构图，但自由书写的文字，以及具有先锋感的造型手法，都表明它并非是传统意义下的作品。设计：[波兰]Leszek Zebrowski

图4-40　这幅作品借鉴中国画的构图和手法，主体造型使用七巧板构成的简约图形进行表现，画面中流露出一种既新又旧的感觉。

图4-41　这幅作品借助对称构图，充分表现出自由和变化。

课后练习：

查阅一些自由构成、综合构成的平面设计作品，进行赏读，并选择一幅自己喜爱的作品，分析其手法特点。

小结

1. 网格构成

网格是文字、表格、图片等的一个标准仪。它是一种未知内容的前期形式……真正的困难在于如何在最大限度的公式化和最大限度的自由化之间寻找平衡，就是在大量的不变因素和可变因素中寻找平衡。

网格设计原理：创建网格，依据网格自由选择使用方式，脱格。

网格设计技巧：创建怎样的网格、怎样利用网格是最基本的网格设计思路。

2. 自由构成

自由构成是相对于极具理性的网格构成而言的。虽然没有具体的限制条件，它却有着许多属于自己的编排特征和处理手法。

3. 综合构成

在这个宽容的时代，融合各种流派、各个时期、各种民族风格的作品表现形式大行其道，成为一种不可忽视的潮流。

第5章　编排设计训练

5.1　限定元素训练
5.2　限定形式训练
5.3　综合训练

5.1　限定元素训练

5.1.1　限定练习1——层次区别练习

1. 构图限定条件

在"格局尺度框"中构图，并最大限度地利用这个格局尺度进行布局的尺度控制。

2. 元素限定条件

按照固定的字体内容（包括主标题、副标题和一定数量的内文字）进行排版，如图5-1所示。

3. 设计要求

设计重点是分出主次层次，要明确地区分出主标题、副标题和内文三个方面的内容。

4. 变化范围

可以进行变化的方面包括文字的行间距离、单字距离、构成样式（布局）、字体形状等。

Layout
主标题

Arrange
副标题

The art or process of arranging printed orgraphic matter on a page.The art or process of arranging printed or graphic matter on a page.The art or process of arranging printed or graphic matter on a page.The art or process of arranging printed

正文

图5-1

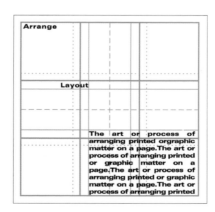

图5-2

图5-1　限定使用上述文字进行层次关系的编排。

图5-2　练习说明：根据具体的限定条件和练习要求，将限定元素在"布局尺度框"中进行布局，并使主次关系明确，阅读顺序正确。

5.练习数量

要求在每个限定练习中完成两幅不同的变化。共有四个限定练习。

6.构图比例

正方形范围。

7.练习的目标和要求

这是一个系列练习，限定条件从严到宽，循序渐进。通过这样一个训练的过程，学生学会适应限制条件，并在限定中尽力发挥自己的想象力和创造力。同时，学生通过逐渐放开的条件，寻找尽可能多的编排设计的变化角度和变化方法，要求如下。

1) 在主标题、副标题以及内文的字体样式、字号、色彩完全一致的前提下进行布局，并使主次关系明确，阅读顺序正确。如图5-3、5-4所示。

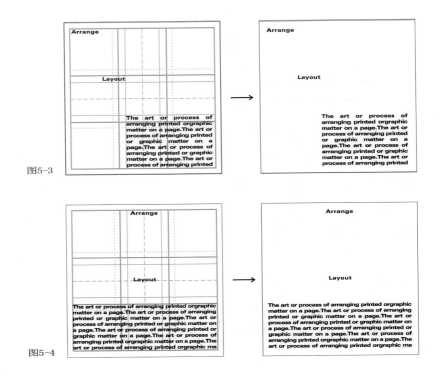

图5-3

图5-4

2) 在主标题、副标题以及内文的字体样式、色彩完全一致的前提下进行布局, 但可以变化字号大小, 要求保证主次关系明确, 阅读顺序正确。如图5-5、5-6所示。

3) 主标题、副标题以及内文的字号大小、字体样式均可以变化, 鼓励大胆突破常见的排列样式, 个别字体可以图形化手法进行处理, 尽力追求不一般的布局效果, 要求保证主次关系明确, 阅读顺序正确。如图5-7、5-8所示。

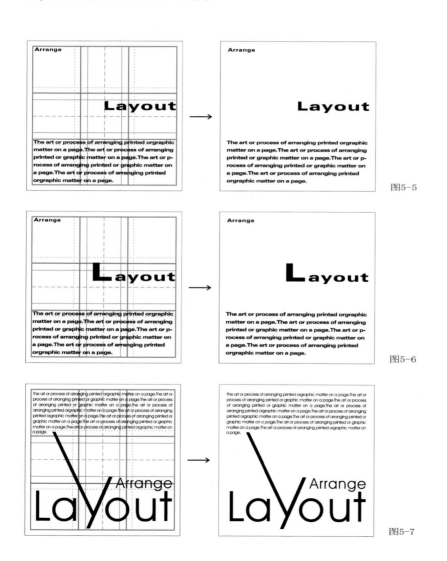

图5-5

图5-6

图5-7

4）主标题、副标题以及内文的字号大小、字体样式均可以变化，同时，允许在色彩上进行变化，要求保证主次关系明确，阅读顺序正确。如图5-9、5-10所示。

这个系列的训练，除了要遵守限定的条件外，在进行具体的布局设计时，要始终将"布局尺度框"作为布局的参照，其中的各种参考线既可以用来限定大小，也可以用来固定位置。在布局中，应注意画面的疏密变化、比例尺度、视觉平衡等问题。

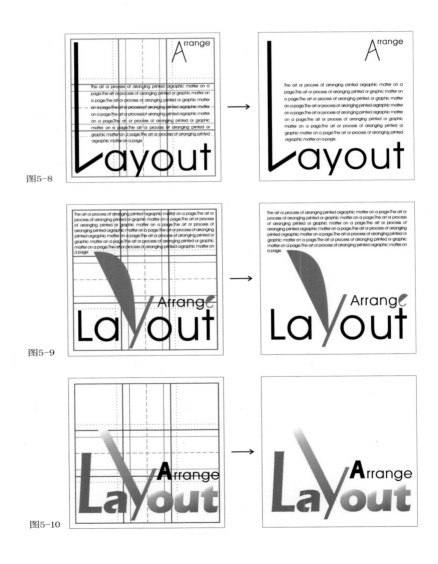

图5-8

图5-9

图5-10

图5—13至图5—16是前面系列练习的部分图例汇集。可以看到,一开始变化余地较小,画面显得平静、谨慎。在后面的练习中,限制条件只剩下构成元素不能改变这一个条件了,画面处理的余地较大,可以考虑尝试许多手段。

从这些训练中可以看到,即使是使用同样的元素,由于设计手段、处理方法不同,画面所传递的性格、风格会大不相同。在具体的应用设计中应注意把握这些特点。

8.作业分析

在学生完成了一定量的练习之后,应及时进行分析、讲评,通过发现问题并提出解决方案,促

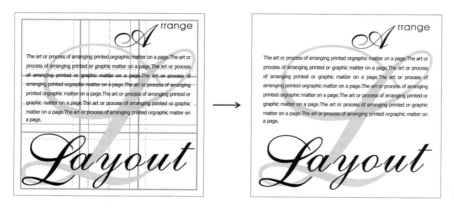

图5-11

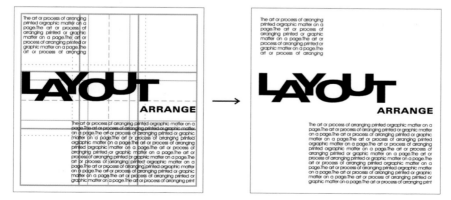

图5-12

使学生对编排设计的认识水平快速提升。

图5-17至图5-28是学生作业以及简略的修改说明和修改方案。可以通过修改前后的变化进行比较，体会修改所要达成的视觉目的。

Arrange

Layout

The art or process of arranging printed orgraphic matter on a page.The art or process of arranging printed or graphic matter on a page.The art or process of arranging printed or graphic matter on a page.The art or process of arranging printed

图5-13

Arrange

Layout

The art or process of arranging printed orgraphic matter on a page.The art or process of arranging printed or graphic matter on a page.The art or p-rocess of arranging printed or graphic matter on a page.The art or process of arranging printed orgraphic matter on a page.

图5-14

图5-15

图5-16

图5-17

图5-19

图5-18

图5-20

图5-17、图5-18是按照"格局尺度框"进行布局的，标题字体处理大胆、大气，饱满的构图以及对比强烈的色彩关系，形成了很高的视觉度。但文字之间，尤其是标题字与内文字之间完全没有空隙，内文字体行距过小，画面的疏密度控制得不够好。修改方案：在图5-17、图5-19中绘制一根分割线（蓝色线），将九宫格最下面的方格横向二等分；标题字根据这根线进行区隔，并将内文字体拉大行距；小标题中的R斜向处理，增加一些空隙；Hall改为红色，完成的效果如图5-20所示。设计：田龙

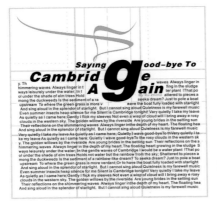

图5-21

图5-22

图5-23

图5-24

图5-21为设计原图，在处理内文字体、标题字位置以及色彩关系等方面有一定的新意，但整个画面的平衡没有形成。左下角黑色的字体如果移到右下位置，在蓝色标题字体的位置上进行如图5-22所示的适当调整，可以使画面获得平衡。平衡的方法可以有很多，这只是其中之一。设计：代文峰

图5-23为设计原图，由于标题字大胆巧妙地处理，整个构图非常生动。但由单词Saying上小点变异的蓝色造型与作者名称的呼应不够明显，蓝色造型显得比较孤立。若将Again中的ain换成蓝色，将蓝色面积扩大些，并与蓝色造型形成对角呼应，可以达成色彩和构图的平衡。如图5-24所示。设计：毛烁

图5-25

图5-26

图5-27

图5-28

图5-25为设计原图，将标题的首写字母S放大作为分割画面的依据，使内容形成独特的排布关系。但S与其他标题字体被分隔得太截然，既缺乏联系，也缺乏层次变化，S就显得比较突兀，同时内文与S之间的距离又过于紧密。如图5-26所示进行调整后，标题字的阅读效果明确了一些，内文和标题之间的关系也舒展了许多。设计：毛烁

图5-27为设计原图，在标题字体的处理上制造了较多变化，使其形成一定的图形感，容易引发视觉关注。但主副标题的位置整体有些过高，在图5-28中做了些微调。设计：代文峰

5.1.2　限定练习2——标题字体处理

1. 构图限定条件

在"格局尺度框"中构图，并最大限度地利用这个格局尺度进行布局的尺度控制。

2. 元素限定条件

按照给出的文字内容进行排版，如图5-29所示。

3. 设计要求

将限定的文字当作标题进行排列。

4. 变化范围

可以进行变化的方面包括字号、字形、行间距离、单字距离和构成样式。

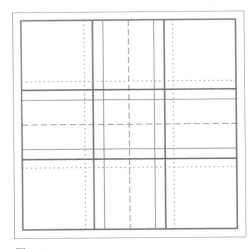

information

英文标题

信息时代的困惑和反思

中文标题

图5-29

图5-30

图5-29　限定使用上述的中英文字体作为标题字进行编排变化。
图5-30　练习说明：根据具体的限定条件和练习要求，将限定元素在"布局尺度框"中进行布局，注意标题字体在形式上的个性表现。

5. 练习数量

在每个限定练习中完成四幅不同的变化，即英文字体变化四幅、中文字体变化四幅。

6. 构图比例

正方形范围。

7. 练习的目标和要求

这个练习给出了两组限定文字，要求完成两个关于标题字体的设计方案，没有特别的限定条件。鼓励学生大胆设计，敢于突破常规样式，通过不同的排列组合方式以及处理手法进行变化，将同一个词组或句子演绎出不同的风格和个性。

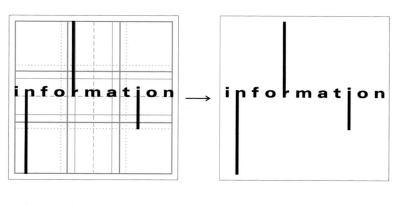

图5-31

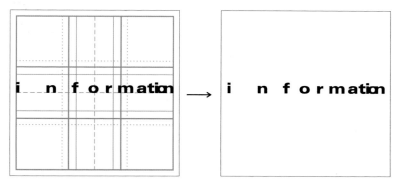

图5-32

在图5-31所示，采用改变单个字母造型的方法，使这个单词形成了独立的新造型。

在图5-32所示的变化中，字母造型并没有变化，只是将字母的间距进行了渐变式的拉开重组。

在图5-32的启发下，继续以渐变手法作为设计思路，图5-33中，每个字母的宽度按照一定的比例逐渐变化，但字母的间距相同。

图3-34将字母夸张地拉长，但每个字母的长短有所不同，在下部形成了参差变化。

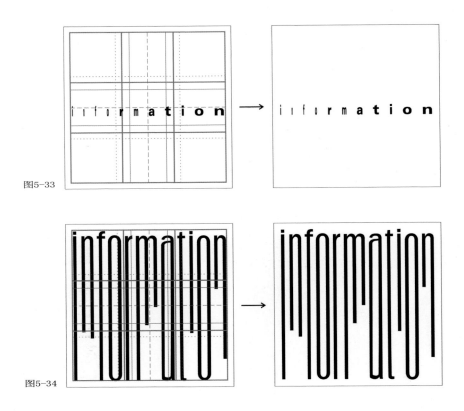

图5-33

图5-34

图5-33、5-34　设计：高兴

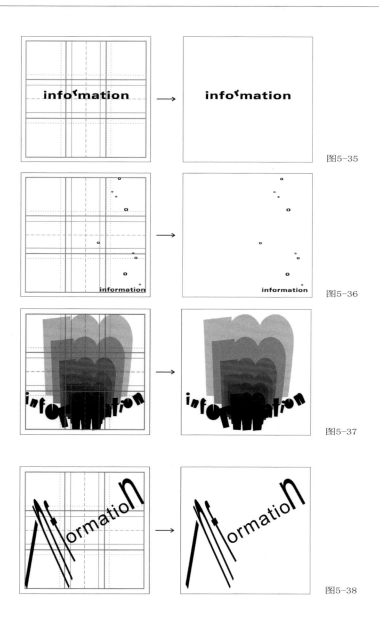

图5-35

图5-36

图5-37

图5-38

图5-37　设计：陈琼　　　图5-38　设计：王超

图5-35与图5-36的变化都是在整齐排列的前提下，让个别字母进行变化。图5-35中有一个字母发生了位置变异，使这个原本普通的单词显出了一些活泼感、俏皮感。

图5-36中的单词并没有任何的变化，但单词中一个字母以副本的方式多次出现，通过大大小小的变化处理后，形象化地成了上升的气泡，使空荡的画面变得丰富、生动了起来。

这个练习给出的汉字标题比较长，可以通过分出层次进行排列。分层次有许多方法，图5-39是将次要字词进行强调以隔离主要词汇；图5-40是将关键词放大，进行突出表现，以区别层次。

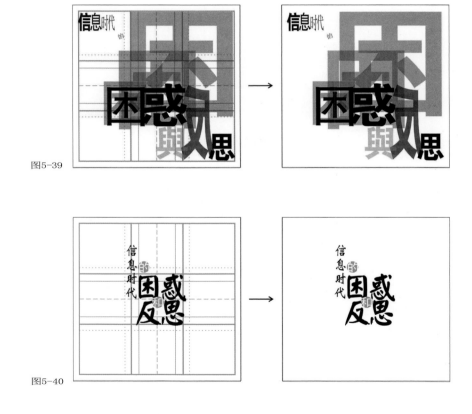

图5-39

图5-40

图5-39　设计：王晓颖

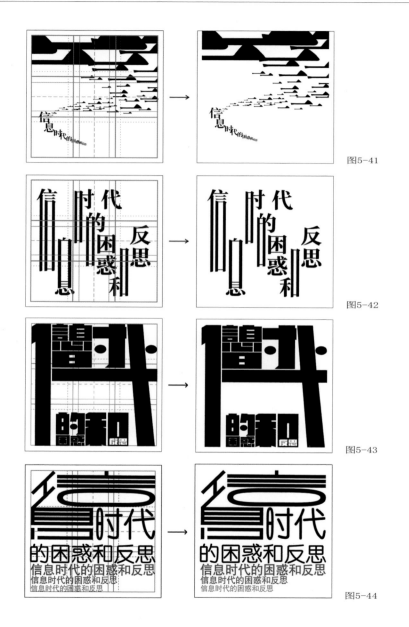

图5-41

图5-42

图5-43

图5-44

图5-41　设计：李青　　图5-42　设计：高兴　　图5-43　设计：吴思攸　　图5-44　设计：陈冠良

图5-41与图5-42采用了类似的手法，都是抽取局部元素进行变化，营造了丰富的画面效果，但对原文字的结构没有明显的改变。

图5-42在这组文字中找到一些字体的相同结构，使用参差变化手法与夸大局部手法进行结合表现，虽然降低了阅读性，但由于拥有共同的形式特点，让整体感得到控制。

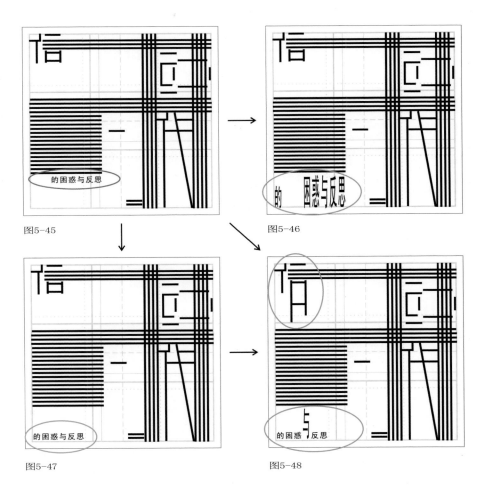

图5-45   图5-46

图5-47   图5-48

图5-45为原设计，对于局部字体的处理非常大胆，敢于追求夸张的形式感。但对于句子里的"困惑与反思"的处理过于拘谨，使正方的格局受到影响，左下角空虚。图5-46、图5-47、图5-48都是对于原图的修正方案。设计：李宣谊

从上述案例中可以看到，这些设计并不顾及阅读性，非常大胆地尝试了多种变化，使原本单纯、简单的一句话变化出丰富的样式。通过这些训练，学生充分体会各种可能的组织形式和变化手段，对解放思维和探索方法都有着极大的帮助。

8. 作业分析

图5-45至图5-52是学生作业以及简略的修改说明和修改方案。

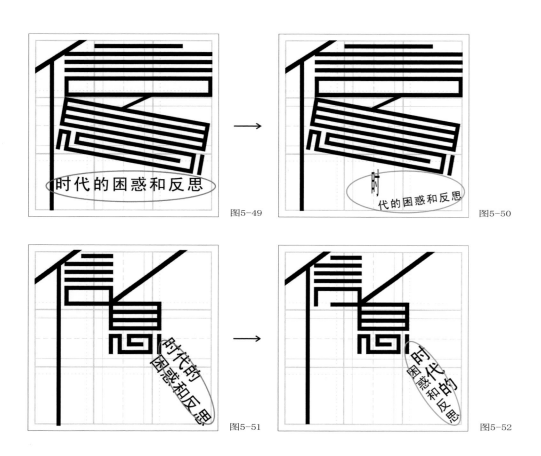

图5-49　图5-50　图5-51　图5-52

图5-49为设计原图，对标题中的"信息"二字做了很好的装饰设计，但其他字体却过于平淡，与"信息"二字从形式上没有联系，位置也不够配合，过于局促、单调。图5-50中进行了一些活跃性的处理。设计：杜燕

图5-51为设计原图，对标题中的"信息"二字的变化和其他字体的位置安排处理得较好，但字体的方向不够合理，顺畅度不够，图5-52对上述问题进行了一些调整，并将"信"字的下线开个缺口，与"息"字的字形设计进行呼应。设计：杜燕

5.1.3　限定练习3——数字及字母游戏

1. 构图限定条件

在"格局尺度框"中构图，并最大限度地利用这个格局尺度进行布局的尺度控制。

2. 元素限定条件

限定使用26个拉丁字母和10个阿拉伯数字作为造型元素进行排版。

3. 设计要求

充分发挥想象力，在画面中自由安排26个拉丁字母和10个阿拉伯数字之间的关系，保证画面或造型自身的完整，并不要求传递任何意义，也不强调字母和数字的阅读性。

4. 作业数量

两幅。

ABCDEFGH
IJKLMNOPQ
RSTUVWXYZ

拉丁字母

1234567890

图5-53　阿拉伯数字　　　　　　　　　　图5-54

图5-53　限定使用上述的中英文字体作为标题字进行编排变化。

图5-54　练习说明：将26个拉丁字母和10个阿拉伯数字作为基本的造型元素进行任意组合，不需要考虑阅读性。在组合中要照顾画面整体的传递效果。图5-54中将10个数字巧妙地构成为沙漏里的沙子，并通过不同的样式和灰度区别字体造型。设计：李琼

5. 构图比例

不限。

6. 练习的目标和要求

这个练习中给出了两个内容, 可以任选主题进行创作, 没有特别的限定条件。鼓励学生通过不同的排列组合方式以及处理手法进行变化, 不需要顾及这些字母或数字的阅读性。

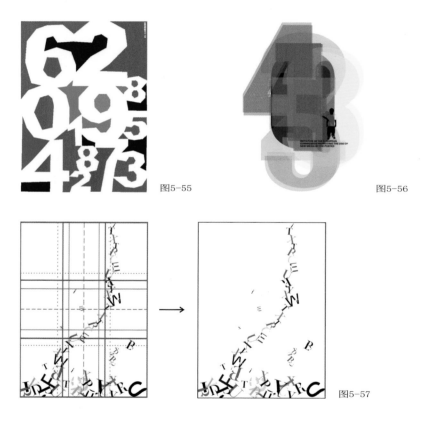

图5-55

图5-56

图5-57

图5-55　数字是在一个层面上排布, 并相互接触, 自然地连接一体, 右上角小的白色字体安排得非常好, 但稍显小了一些。设计: 姜延

图5-56　将数字前后叠摆, 并使用透明色彩透视其他数字, 层叠的变化增加了画面的深度感, 黑色的人物造型和字体将调和了透明色的单薄进行。设计: 孙霄

图5-57　图中轻松地将字母从画面底部向上进行排列, 看似随意, 实则是按照格局尺度排布的, 因此舒适度较高。在转折的位置选择用黑色加重文字的处理手法, 形成了很好的上升节奏感。设计: 陈娜

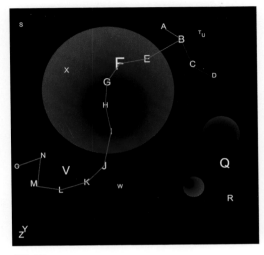

图5-58

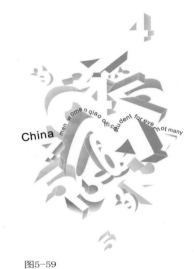

图5-59

图5-60

图5-58 设计：王媛　　图5-59 设计：王唯一　　图5-60 设计：李宣谊
从图5-58至图5-65中可以看出，关于数字或字母的变化样式非常多，创作思路主要集中在将数字或字母放在具象或抽象的环境中进行表现，这些原本单调的造型元素因此生动了许多。

图5-61

图5-62

图5-63

图5-64

图5-65

图5-61、5-62　设计：李宣谊　　图5-63　设计：梅花　　图5-64　设计：查鹏飞　　图5-65　设计：彭华晴

5.2　限定形式训练

5.2.1　限定练习4——对称与均衡训练

1. 构图限定条件

在"格局尺度框"中构图，并最大限度地利用这个格局尺度进行布局的尺度控制。

2. 形式限定条件

元素不做任何限定，但要求在两幅画面中分别使用相同的图、文、色进行对称和均衡练习。

3. 设计要求

在一幅画面中采用对称构图，在另一幅画面中使用相同元素进行均衡的构图表现。

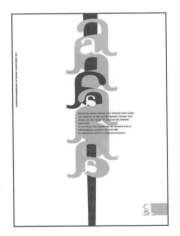

图5-66

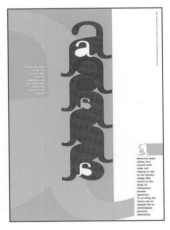

图5-67

练习说明：要求在两个构图中使用同样的元素，在一幅中完成对称的构成关系，另一幅中进行均衡的排布。图5-66实际上并不是严格意义上的对称关系，只是一个相对对称的构图，在与图5-67的比较中其对称性显得较强一些。在练习中要将两个构图特征进行比较，以体会两者的不同所在。设计：李青

4. 作业数量

对称构图一幅，均衡构图一幅，共两幅。

5. 构图比例

不限。

6. 练习的目标和要求

这个练习中要求完成两个内容，一个对称构图，一个均衡构图，两个构图采用相同的图形、文字和色彩。希望借此比较出对称构图与均衡构图的处理差别，并体会各自的特点所在。

图5-68

图5-69

图5-68　该图采用了保守的中轴对称形式进行表现，但在标题字体的处理上稍做变化，使得安稳的对称构图多了一些生动性。

图5-69　该图将文字与图形分布在画面的左右两边，形成对称格局，通过有意识地倾斜图形角度，形成动感因素，增大平衡难度，因此在标题字上增加了一些变化，连同内文整体向上排列，提升了视觉吸引力，用以保持平衡。这一系列的变化和调整破解了对称格局带来的呆板的感觉。设计：王晓颖

图5-70

图5-71

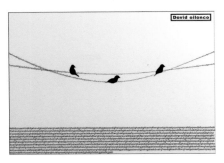

图5-72

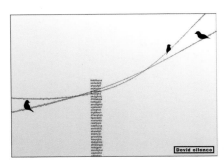

图5-73

图5-70、图5-71　两个素材相同的画面，由于采用了不同的构图布局，反映出来的性格和情绪明显不同。图5-70严肃、忧郁，甚至压抑；图5-71则显得活泼、清新。两幅作品在主色调的使用上截然不同，也加重了两个构图强烈的对比效果。设计：郑仁思

图5-72、图5-73　由于色调没有太大的变化，两幅画面的总体印象比较接近，但构图不同。在图5-72中小鸟非常显眼，是通过对称构图和视觉中心位置来强化主体造型的。图5-73中文字占据重要的位置，是通过均衡构图中的支点位置来突出的，小鸟因此被弱化了许多。设计：郭丽

5.2.2 限定练习5——因形排列

1.构图限定条件

在"格局尺度框"中构图,并最大限度地利用这个格局尺度进行布局的尺度控制。

2.元素限定条件

以文字排列为构图主体任务,尽量使用文字来构成画面和造型。

3.形式限定条件

文字要依据某种具象或抽象的造型进行排列。

4.设计要求

一幅以文字进行适形排列,另一幅以文字进行绕形排列。所适之形或所绕之形,仍采用文字造型。

5.作业数量

两幅。

6.构图比例

不限。

图5-74

图5-75

练习说明:本练习要求将文字的排列与其所面对的造型进行关联处理,如适形、绕形等。图5-74中将大标题塑造为阶梯状造型,大量的内文以避让的方式围绕标题排列,一小部分文字被装入标题字的笔画当中,形成形状内排列。图5-75是一个中国传统图形,是由"南无阿弥陀佛"六个字构成的佛像造型,这种因设计需要将字体依照某种形状进行变化的方式,也属于因形排列的手法之一。

7. 练习的目标和要求

因形排列包括依形排列和适形排列两个大类, 这两种情况还有具体的排列方法。这种排列练习具有一定的趣味性, 可以刺激学生对于编排手法的创新性研究。包括以下几种排列方式。

1) 适形排列 (形内排列)
文字在造型中进行排列, 因设计区域的限制而改变字体形状或形成特别的样式, 具有独特的效果。如图5-76所示。

2) 绕形排列 (形外排列)
文字在造型外依着造型边缘进行排列, 因造型的变化限制而改变字体形状或形成特别的样式, 具有独特的效果。如图5-74所示。

图5-76

图5-77

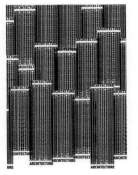

图5-78

图5-79

图5-77　设计：韩飞　　图5-78　设计：孙恩娜　　图5-79　设计：王唯一

在一些设计中，形外排列和形内排列手法会同时被使用，如图5-79、5-83所示。

利用因形排列的训练，尽量找寻文字编排的可能性，对设计语言的开拓很有帮助。但在排列思路上不要一味地追求具象形的方向，通过一些抽象的结构进行排列，可以获得更宽广的思维天地。如图5-84、图5-86所示。

图5-80

图5-81

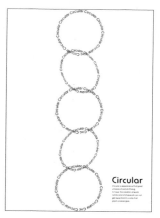

图5-82

图5-83

图5-80　设计：李若凡　　　图5-81　设计：吴思攸　　　图5-82　设计：贾建珩

图5-84

图5-86

图5-85

图5-87

图5-84 设计：李宣谊　　图5-85 设计：郭丽　　图5-86 设计：王晓颖　　图5-87 设计：刘煜

5.2.3　限定练习6——网格使用

1. 构图限定条件

要求在选定的网格系列或自己设计的网格格局中排列相应内容。

2. 元素限定条件

不限定具体的元素。

3. 形式限定条件

不限定具体的形式。

4. 设计要求

将相应的设计元素在选定的网格中排列，注意疏密关系和布局平衡，以及独特的使用方法探索。

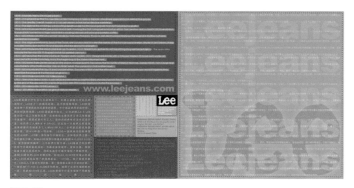

图5-88

图5-88　练习说明：首先要选择适合内容的网格，也可以自己建立独有的分割格局，将相关的设计元素根据网格特点进行排列，在一定的秩序中变化细节。图5-88使用了纸张裁切的网格格局，将Lee品牌的宣传资料排列其中，该设计充分利用网格的结构，并借助色彩对这个结构进行突出表现，同时使用类似牛仔服装缝制线的虚线造型对网格结构进一步描绘，模仿牛仔服缝制的质感效果，形式与内容结合得非常巧妙。设计：张磊

5. 作业数量

同一网格完成两幅作品。

6. 构图比例

不限。

7. 练习的目标和要求

在这个练习中，根据自己掌握的设计素材，可以选择经典的网格系统，安排设计元素的大小、位置以及处理手法，也可以通过自建的网格系统进行编排。如图5-89中使用了特别的分割结构，文字按照结构线进行排列，脱掉网格线后画面似乎有些杂乱，但内在的规律使其形成了较好的疏密变化效果。

  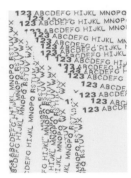

图5-89

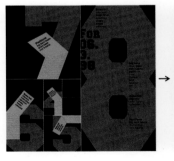 →

图5-90

图5-89　设计：郭鑫
图5-90　这个构图使用了纸张裁切的网格形式，数字的大小自然递减，位置沿着分割路径错落变化。设计：王骊

图5-91

图5-92

图5-91 该图是一个修改后的杂志页面,使用了原杂志的内容,根据如图5-92所示自己设计的渐进式网格进行重新编排。在网格的使用中,内文文字基本上按照网格的约束排列,但标题字和图片则适当地进行了突破,画面中既有很强的秩序感,又不失富有变化的因素,显得较为生动。设计:陈娜

图5-93

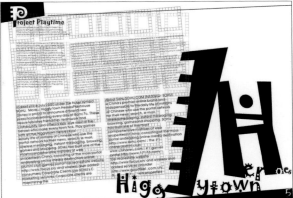

图5-94

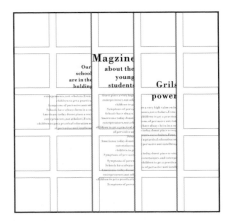

图5-95

图5-96

图5-94　从图中可以看到这个构图采用了重叠式的网格使用方法,将58等分网格进行交错,内文文字在有序的布局中构成了看似自由的变化。设计:郭洁恩

图5-95、图5-96　网格并非要全部占满,图5-95、图5-96就是一个自由使用网格的范例。在自由使用的过程中,文字的排列还引入了另外一个依据,注意图5-95中加粗的红色竖线对文字排列的影响。设计:李宣谊

5.2.4　限定练习7——跳跃性练习

1. 构图限定条件

在"格局尺度框"中构图，并最大限度地利用这个格局尺度进行布局的尺度控制。

2. 元素限定条件

不限定具体的元素。

3. 形式限定条件

元素不做限定，但两幅画面中要求使用相同的图、文，相同或相异的色彩、构图进行跳跃度高低变化的练习。

4. 设计要求

低跳跃度的构图一幅，高跳跃度的构图一幅。

5. 作业数量

两幅。

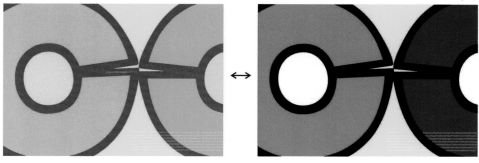

图5-97　　　　　　　　　　　　　　　　　　图5-98

练习说明：跳跃性练习主要是针对画面的变化程度，要求在两个画面中使用相同的元素，通过不同的排列组合方式、色彩处理方式等手法产生变化，从而形成跳跃程度明显不同的两个画面。如图5-97、5-98所示，这是两个元素及构图完全相同的画面，其跳跃性变化的重点被放在了色彩表现上。图5-97的色彩纯度不高，关系相对协调、平和，跳跃性稍弱；相比较下，图5-98则使用了高纯度色彩，跳跃程度明显高一些。设计：王静

6. 构图比例

不限。

7. 练习的目标和要求

这个练习要求完成两个作业，但必须使用相同的元素，通过相同或不同的排列组合方式、色彩处理方式等手法进行画面的跳跃性控制，从而获得对于画面整体效果把握的能力。

跳跃变化的表现角度可以通过文字、图形的大小变化进行，也可以通过色彩的纯度、明度差别进行，还可以通过文、图、色三元素共同的组合变化来实现。

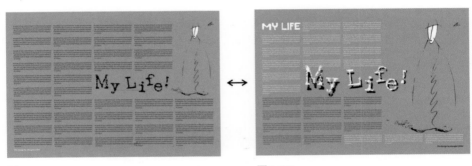

图5-99 图5-100

图5-101 图5-102

比较图5-99与图5-100，其中增加跳跃度的手法包括拉大字体的距离，扩大图形占据画面的比例，将白色的面积与黑色的面积对等表现等。图5-100显然在各方面的跳跃度都高些，也显得花乱些。设计：张磊

图5-101与图5-102之间在跳跃性变化的处理上，调动了更多的元素，如背景的繁简、元素的删减等。设计：孙霱

5.3 综合训练

5.3.1 限定练习8——变临

1. 条件

自选一个喜爱的平面设计作品，在其形式构成的影响下，重新设计一幅作品，要求元素完全不同。

2. 数量

一幅。

3. 尺寸

自定。

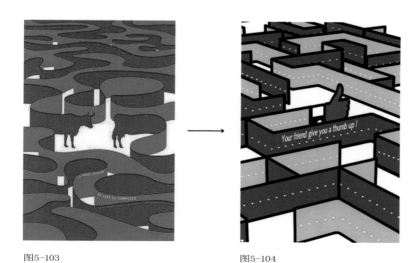

图5-103   图5-104

练习说明：这是一个变临的练习，要求有明确的临摹对象，但不能将对象全盘照抄，要通过新的作品反映出从临摹对象中学到的手法和技巧。图5-103为原图，图5-104为变临作品。这个练习学习的重点在于突出主题的方法、背景处理的方法以及色彩与结构表现的方法等。设计：吴思攸

4. 练习的目标和要求

这是一个变临的练习，通过直接将别人作品中的手法、技巧在自己的作品中加以运用，从而达成学习和借鉴的目的。通过这个练习，希望能够促动学生主动、深入地研究优秀作品的兴趣，并使一些经典的技法转化成自己能够掌握的形式语言。

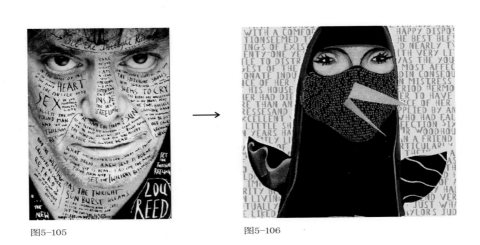

图5-105　　　　　　　　　　　　　　　　图5-106

图5-107

图5-108

图5-105为原图，图5-106为变临作品，从原图中学习了以文字作为装饰的方法，并通过将文字进行形象化排列塑造新形象。设计：郭丽

图5-107为原图，图5-108为变临作品，将原图中的元素进行重新的布局，学习其使用网格进行构图的方法，并通过建立新的网格系统改变原有的格局，重新定义了画面的重点，使画面的跳跃感看起来增强了一些。设计：李青

5.3.2　限定练习9——修正

1. 限定条件
选择一个你认为在编排设计上有问题的设计作品，按照自己的理解进行修改。

2. 数量
一幅。

3. 尺寸
与修改作品等大。

4. 练习的目的与要求
依据原作品的内容进行重新排版或适度调整，完成的新作品与原作品进行比较，应具有可读性高、层次感明确、舒适性和完整性好的改变等。如果不能达成这样的目标，应将两个画面进行对比分析，找出问题所在。

图5-109　　　　　　　　　　　　图5-110

练习说明：在对原作品进行修正前，应该对其进行认真观察和细致分析，找出真正不合理的问题或需要调整的理由，再进行修改设计。图5-110将原图中杂志的名称进行了强化处理，使新的封面标题看起来清晰和突出了很多。设计：陈娜

图5-111

设计：张磊

设计：郑仁思

设计：韩飞

设计：孙霑

设计：王晓颖

设计：李宣谊

图5-111　这是一个全体学生都参与的修改练习，原图如上所示。修改目标是文字的排列要比原来的层次更明晰，与人物造型的结合更合理或更有趣味。

5.3.3　练习10——自由发挥

这个练习不做任何限制, 让学生忘却前面的练习中受到的一切限制, 采用自己喜爱的元素、熟悉的表现手法, 在自己设定的主题下进行自由地发挥, 让所有的训练化作自然的流露。

图5-112

图5-113

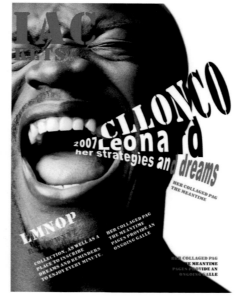

图5-114

图5-112　设计: 吴思攸　　图5-113　设计: 王静　　图5-114　设计: 王晓颖

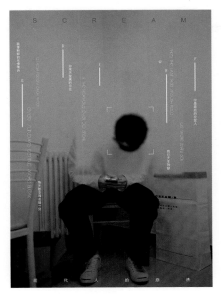

图5-115

图5-116

图5-117

图5-118

图5-115　设计：程皓月　　　图5-116　设计：孙恩娜　　　图5-117　设计：闫彬　　　图5-118　设计：张磊

小结

本章中包含了3组共10个练习系列，从元素限定到形式限定，直至放开所有的限制，对编排设计的各种问题进行了针对性的训练，着力于为学生建立层次意识、挖掘设计手法和培养其逻辑判断能力。

从第三章的内容讲解开始，学生可以选择本章的训练项目进行穿插练习，用以实践所学的编排理论。

第6章　　编排设计作品欣赏

6.1　欣赏的艺术
6.2　欣赏的技术
6.3　学习与借鉴

6.1　欣赏的艺术

俗语讲"外行看热闹，内行看门道"，这是对欣赏最通俗的写照。不了解方法，就只有看个热闹而已。欣赏是一个审美的过程，有人提出，艺术作品的欣赏过程需要经过"审美感知、审美理解和审美创造"三个阶段，编排设计作品的欣赏也会经过类似的过程。

编排设计的过程，并非每个阶段都是关乎美学的，其中有许多是对于视觉科学的追求，虽然最终要实现美好舒适的效果，但却是在科学性传递的基础之上的追求。那么，在对编排设计作品进行欣赏的过程中，艺术作品欣赏的三个阶段就会被改变为"视觉感知、技术性理解、审美与技术性创造"。

所谓视觉感知，是相对被动的被吸引的过程，是一个获得第一印象的过程，读者可能会引发继续欣赏的情况，也可能就此放弃阅读。

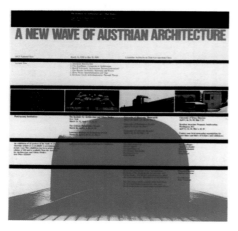

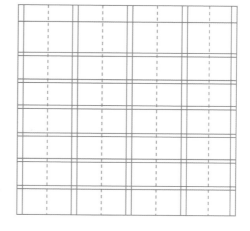

图6-1

图6-1　寻找一些关于编排技术方面的资料，尤其是图6-1、图6-2所示的有着独特设计思路的经典案例进行悉心研究，获得对编排设计更专业的认识。

技术性理解，是在对作品有兴趣的前提下而展开的，这个兴趣除了对于内容的了解外，更重要的是对于技术表现的兴趣，引发对于技术表现分析的过程。

审美与技术性创造，指的是基于自己的视觉经验、审美经验、技术经验基础之上的对于作品所产生的联想、从中获得的启发以及对于自己进行创作时的思维影响。

图6-2 图6-3

对于技术的研究，应该站在科学和审美的基础上进行，既不要排斥理性的设计手法，也不要过于依赖网格和计算，由积累而形成的艺术感觉同样对编排设计工作很重要。图6-3是一组网页设计作品，有着固定的版面构成，但也有比较自由的处理区域，读者既能感到阅读的秩序，画面也不至于呆板。

6.2　欣赏的技术

面对一个编排设计作品，可以先从元素剥离开始，如分析它都使用了哪些文、图、色；再研究这些元素是如何布局的，在画面上或在造型中，这些元素排列的关系特点怎样；分析一下这个作品中是否使用了一些科学的分割计算，它使用了哪些比例关系固定位置或限制大小；主次关系是通过色彩、大小、叠加层次中哪些手段进行比照的……

这些欣赏的方法可以帮助分解作品的细节，深入作品表现的本质内涵。

在欣赏作品时，可以参照以下方法：

图6-4

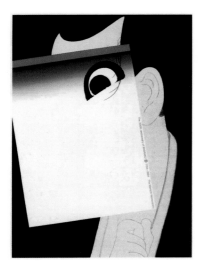

图6-5

图6-4　烟草招贴《旗袍美女》。设计：郑曼陀
图6-5　写乐200周年纪念展览海报。设计：[日]左藤晃一

对中国自己的传统设计要有所了解，要认真研究一些关于中国编排设计历程的知识。同时，对中国周边的近缘文化要进行学习和研究，如应关注日本的传统设计与现代设计的结合特点，以及在编排设计中运用了哪些技巧将其民族文化元素进行国际化表现等问题。

1.整体欣赏法——没有具体的阅读目标，广泛阅读，充分汲取营养。

2.分层阅读法——将所欣赏的作品进行层次隔离式的阅读，如只研究其字体表现，或色彩处理技巧，或布局突破思路等，将不同作品中相同层次的技巧手法进行归类式的汇集，在今后的创作中加以利用，使其转化为自己的创作方法。

3.目标阅读法——带着问题阅读，在思路打不开时，通过欣赏优秀作品寻找可借鉴的创意思路、处理手法等，在遇到创作瓶颈时，这也是常见的疏通方法。

图6-6

图6-7

图6-6　20世纪初期，西方的编排设计作品。
图6-7　第45届戛纳国际广告节平面类银狮奖作品《篮球俱乐部》。
对西方编排设计的历史、现状要作为重点进行探讨，因为现代设计的所有理论和实践都是从那里开始的。
对于国际上的获奖作品也应给予关注，这些作品或代表着专业领域的认可，或代表着大众的认可。

6.3　学习与借鉴

在学习编排设计的初期，可以通过欣赏大量的优秀作品来开阔眼界，但还是要进行一定数量的练习才能有所体会，获得实际的经验。在练习的同时，可以借鉴一些成熟作品的表现手法、构成技巧，并在自己的作品中加以运用，可以更深地体会这些优秀作品的细节处理方法和特有的编排思路。

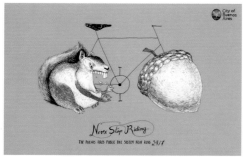
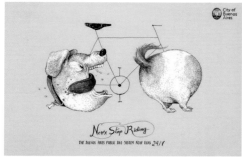

图6-8

图6-8　为布宜诺斯艾利斯自行车系统创作的《Dog, Baby, Squirrel, Moths》系列作品，获得2015戛纳广告节平面作品类全场大奖。

及时了解前沿的、最新的编排设计资讯，对于比较特别的编排设计作品要充满兴趣，及时收集，这些都会对自己的创作有帮助。

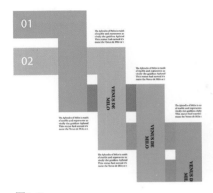

图6-9

图6-10

图6-11

图6-9 设计：陈冠良

图6-10 设计：姚玉甲、郑仁思、高兴

图6-11 设计：孙霭、王唯一、付文娟、赵媛

对于编排设计的学习，不能只依靠招贴或书籍等版面设计资料，要将欣赏的眼光放至平面设计的全领域，甚至更宽广的视域中，如网页设计、标志设计、包装设计、VI设计、展示设计、动态设计等，这些设计中都离不开编排设计的工作。编排设计能力的培养要依靠全面的营养。

图6-12

图6-13

图6-14

图6-15

图6-12　设计：[日]田中光一　　图6-13、图6-14、图6-15　设计：[日]白木彰

图6-16

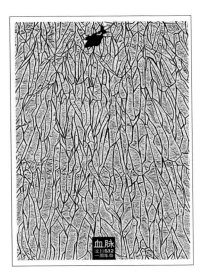

图6-17

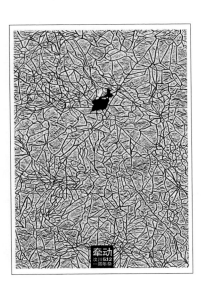

图6-18

在中文环境下，要重视中文字体的设计与编排训练。在学习中，可以借鉴汉字文化圈里其他国家，如日本、韩国的优秀设计作品。

在各种编排设计作品的欣赏中，要注意区别欣赏的重点、作品所传递的个性等。请注意图6-17、图6-18中在系列设计时，其设计手法的关联处理技巧。

图6-20

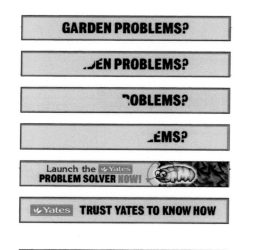

图6-21

图6-22

对于动态作品的欣赏，要注意其不断变化的画面中，编排设计的变化所在。在图6-20、图6-21、图6-22中，最后一幅均为动态完成时的样式，其余画面都是为达成最终构图的过程画面，请注意它们之间的编排变化关系。

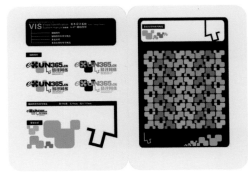

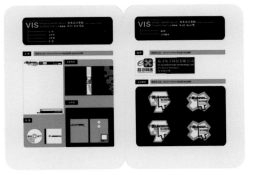

图6-23

图6-24

图6-23　设计：雷昊　　图6-24　设计：韩涛

在VI设计工作中，对于编排设计能力的要求非常高，所涉及的编排问题也较复杂，对于编排能力的锻炼非常有效。

图6-25

图6-27

图6-28

图6-26

图6-29

在包装设计中，设计载体往往呈现具有连续的、转折的或复杂的面的关系，编排设计要解决的重点除了在一个面中解决好层次关系、疏密关系等基本的编排任务之外，还要注重每个面之间的关系处理。

标志设计表面上看起来似乎比包装等其他设计简单得多，但因为它需要通过精练的图形语言传递复杂的信息，其编排语言的精准度要求非常高。

图6-30

图6-31

图6-31　设计：张磊、贾建珩

无论掌握了多少编排设计的理论知识，如果缺乏了实践的宽度、广度和深度，是很难有真正的领悟的。因此，必须进行大量的、多角度的编排训练，从优秀的作品中有所吸收、有所转化，并为我所用，才能在未来的编排设计中游刃有余、自由表达。

参考资料

[1] ［美］约翰·福斯特. 21世纪大师级招贴设计[M]. 梵非等译. 上海：上海人民美术出版社，2007.

[2] 王树村. 中国画诀[M]. 北京：北京工艺美术出版社，2003.

[3] 曹方. 视觉传达设计原理[M]. 南京：江苏美术出版社，2005.

[4] ［美］玛乔里·爱略特贝弗林. 艺术设计概论[M]. 上海：上海人民美术出版社，2006.

[5] 中国社会科学院语言研究所. 现代汉语词典（修订本）[M]. 北京：商务印书馆，1998.

[6] 韩天衡. 历代印学论文选·篆刻十三略[M]. 杭州：西泠印社出版社，1999.

[7] ［美］金伯利·伊拉姆. 栅格系统与版式设计[M]. 王昊译. 上海：上海人民美术出版社，2006.

[8] ［美］埃伦·鲁普顿. 字体设计指南[M]. 王毅译. 上海：上海人民美术出版社，2006.

[9] 袁金塔. 中西绘画构图之比较[M]. 广州：艺风堂出版社，1984.

[10] 佚名. 香港美术网网上教程国画构图http://www.chkart.com/art868/ghgt.asp.

[11] 邹加勉. 海报百年[M]. 长沙：湖南美术出版社，2003.

[12] 紫图大师图典丛书编辑部. 世界设计大师图典速查手册[M]. 西安：陕西师范大学出版社，2004.

[13] ［美］鲁道夫·阿恩海姆. 艺术与视知觉[M]. 滕守尧、朱疆源译. 成都：四川人民出版社，2001.

[14] 潘沁、蒋华. 第三届宁波国际海报双年展[M]. 郑州：河南美术出版社，2004.

[15] 戛纳国际广告节组委会. 第45届戛纳国际广告节获奖作品集[M]. 冯莉、张欣然、华汉、金艳滨译. 海口：海南出版社，1999.

[16] Alan Swann. 版面设计基本原理[M]. 陆慧珣译. 香港：万里机构·万里书店，1993.

[17] ［美］盖尔·代卜勒·芬克，克莱尔·沃姆克. 强有力的页面设计[M]. 韩春明译. 合肥：安徽美术出版社，2003.